好的爱，有边界

[美] 吉祥 著

中信出版集团 | 北京

图书在版编目（CIP）数据

好的爱，有边界 /（美）吉祥著. -- 北京：中信出版社，2024.4（2024.9重印）
ISBN 978-7-5217-6165-8

Ⅰ.①好… Ⅱ.①吉… Ⅲ.①心理学－通俗读物 Ⅳ.①B84-49

中国国家版本馆CIP数据核字（2023）第225559号

好的爱，有边界
著者：[美]吉祥
出版发行：中信出版集团股份有限公司
（北京市朝阳区东三环北路27号嘉铭中心　邮编　100020）
承印者：嘉业印刷（天津）有限公司

开本：880mm×1230mm 1/32　　印张：7.75　字数：180千字
版次：2024年4月第1版　　印次：2024年9月第5次印刷
书号：ISBN 978-7-5217-6165-8
定价：59.00元

版权所有·侵权必究
如有印刷、装订问题，本公司负责调换。
服务热线：400-600-8099
投稿邮箱：author@citicpub.com

目录

推荐序一　V

推荐序二　越有爱的人，越需要边界　IX

前　言　XV

第一章　大多痛苦的关系，都源于没有边界感

"狗血"的关系，怎么就发生在我身上了　003

过度依赖，习惯被他人掌控　005

过度讨好，咬着牙满足别人　006

过度分享隐私，让他没有几个"真朋友"　008

失去尊重，甚至成为受害者　010

思虑过重，容易焦虑、恐惧　012

过度付出，感动的其实是自己　013

一次次隐忍，换来的是不断背叛　015

第二章　有边界的爱，才有安全感

关系中没有界限，就像房子没有大门　023

界限在哪里，安全感就在哪里　025

健康的界限是怎样的？　031
健康的界限，让我们更安全　038

第三章　这样立界限，关系不受伤

想要快速理清界限，先问自己两个问题　045
确立关系中的边界，离不开这些原则　048
三个步骤，学会建立健康的界限　055
克服三大障碍，让界限建立更顺利　067

第四章　想明白这几点，提升你的边界感

怎么区分"缺乏界限"和"越界"？　081
彼此相爱的人，需要界限吗？　083
如何破除"立界限"的五个迷思？　085
如果对方不配合怎么办？　093
如何克服记忆模式带来的恐惧？　094
万一不被别人喜欢怎么办？　097

第五章　关系再好，也要承担后果

后果不是被动承受的，而是主动选择的　102
把惩罚当成后果，关系很难长久　103
只设界限不给后果，毫无意义　105

你以为给的是"后果",其实是"奖励" 107
如何设立有效的后果? 109

第六章 失败的婚姻,很多源于"界限不明"

婚姻有界限,关系更稳定 119
婚姻中缺乏界限的几种情况 123
如何为婚姻立界限? 130

第七章 和父母"划清界限",才能真正成人

原生家庭的三种类型 139
为什么跟父母立界限那么难? 141
如何与父母立界限? 150

第八章 培养独立自信的孩子,离不开界限

有边界感的孩子,更自信更有力量 159
为什么跟孩子立界限那么难? 162
为孩子立界限时,要注意两点 163
如何为 0~4 岁的孩子立界限? 166
如何为 5~8 岁的孩子立界限? 168
如何为 9~13 岁的孩子立界限? 169
如何为 14~18 岁的孩子立界限? 171
如何应对孩子的挑战? 173

第九章 守好自己的边界，人生才会开挂

为自己立界限，要遵循这些原则　183
手把手教你为自己立界限　188

第十章 活出有边界感的人生有多精彩

小岩：把孩子的选择权交还给他　197
Jade：我其实并不知道我没有界限　200
莲：我爱别人到什么程度，应该由我来决定　202
Grace：人际关系更有"分寸"带来的好处　204
米粒饭团：生活竟然可以如此自由　205

后　记　211
致　谢　213

推荐序一

我看到吉祥的书稿时，大有相见恨晚的感觉，在众多讨论"界限"的书籍中，难得看到这样一本理论和实际结合得这么好的佳作。

就我自己而言，一直到结婚以前我都是一个界限"小白"。在国内的时候，我接触了大量被生活所困的女性，也辅导过多个婚姻不幸福的家庭，最深的感触是，有太多人跟曾经的我一样，对界限毫无概念。这让我无比心痛，因为我也曾经因这个问题痛彻心扉了很多年。

进入婚姻辅导以后，我才了解何为界限。还记得我刚开始立界限时尚有一丝胆怯，但是现在我已经可以直截了当、理直气壮地立界限了，并且因为有了界限意识，我不仅可以很轻松地跟周围的人和平相处，还可以跟他们建立亲密的联结，彼此更加尊重。回想起来，我学会立界限的过程是痛苦的，也很漫长。所以，看到这本书，我很为读者们庆幸，因为你们不需要跟我一样，因无知而经历那么久那么深的痛。

为什么呢？因为在美国，所有有关界限的讨论都建立在西方文化上，没有我们国家文化中各种人情方面的"应该"和"孝道"。到美国以后我才发现，很多我成长时引以为豪的文化优点，却因为缺乏界限观念而变成紧紧捆绑我的"枷锁"。然而，很多西方作者写的有关界限的书籍，要么太学术，要么案例太极端，很少是发生在我自己或周围人身上的案例，而此书中的这些案例可能跟我所受的教育背景或者跟我所处的环境有关，所以更接地气，也更有说服力。

我花了几十年单独在美国学会的这些功课，等我回到中国才发现，原来有那么多的人跟当年的我一样，面临着同样的问题。所以我给大家推荐的一些书籍，也都是在美国曾经帮助过我的书籍，读过的朋友们很多时候都会回来跟我讨论，如何才能更好地运用书中的知识，去改变他们自己的生活。也许是因为那些书里的案例跟他们自己的生活有差距，他们难以产生很深的共鸣，所以当时我能给朋友的帮助，更多是基于我自身的经验。

鉴于此，当我看到吉祥的这本书时，我才会深深地感到相见恨晚。因为在这本书里，吉祥简单明了地介绍了界限是什么，如何确立我们的边界感，以及如何用温柔而坚定的方式设立界限等。她理解在我国传统文化环境中成长起来的人所经历的心路历程，她会用通俗易懂的语言解释界限，手把手地教大家一步一步地建立界限。想要学习建立界限的朋友，不需要自己去艰难地摸索，这本书就如一盏明灯，照亮你前行的路，让你满怀信心和期待去建立界限。同时，借助这本书，读者朋友会对因为立界限所产生的关系痛点提前做好心理准备，更容易也更能承受这些痛点。我们知道，虽然立界限会让我们经历阵痛，但这是从成长到成熟的必经之路。我们清楚我们想要的结果是什么，不会因为无知而陷入关系破裂的绝望中。

这本书将会成为我经常推荐的书，我认为这也是成年人在自我成长的过程中值得读的一本书，因为它真的是我看过的所有有关界限的图书中最接地气最实用的一本。我相信你们看过以后也会深有同感。

蒋佩蓉

前麻省理工学院中国总面试官

推荐序二

越有爱的人，越需要边界

初见吉祥，我正处在情绪动荡不安阶段。人在脆弱的时候，往往更容易被身边人的善意打动。

那天吉祥在楼下等我的时候，我恰好在二楼办公室因为同事一些充满爱的行为被感动得泪流不止。见面时，我的眼泪还没擦干，她说："怎么了？"我竟像个孩子一样上前抱住她，窝进她怀里，仿佛我们认识了很久。她比我高大，抱着她有一种莫名的安全感，她的身体和声音一样温暖。我说："没事，被爱感动到了。"然后，我看到了她眼神里的亲昵。真奇怪，她工作时候的样子那么理性，可是与人相处，却满是热忱和温柔。

接下来的那个中午，我们吃着火锅聊着天，很多聊天内容我已经记不清了，却一直记得当时的感受，是如此惬意、轻松、畅快。等我再回公司的时候，同事们都惊讶极了："大智，你怎么焕然一新，像变了个人一样。"我说："哈哈，我遇见了天使。"这就是我和吉祥的初相识。

吉祥是一个雷厉风行、话音落了就要做事的人，这一点我们很相似，或许因为都是川渝女儿的缘故。但她行事为人比我更坦荡、更有原则，我却时而会自我怀疑，有时为了避免受伤也会故意"隐匿"自己。但和吉祥在一起，她无须刻意做什么，只是那么平静地陪伴我，便有神奇的能量帮助我把心中原本模糊不清的人和事都梳理清晰，随之，内心就会更加坚定。或许是因为她活出来的那种生命状态总能温暖我，她本身就像个充满生命力的孩子，敞开、无所畏惧。

越是想要做美好事情的人，其内心往往越是充满爱，可是爱里如果没有边界、没有智慧，很多原本美好的事情就会被无序感和一些多余的挣扎内耗影响，连同起初的爱心恐怕也会打折扣。所以，一个越有爱的人越需要智慧，这样，他心中的爱就可以放大到极致。

吉祥是我见过的极少数可以把自身优势发挥出来成全他人的人，又是能够毫不拘束地践行商业理想的人。在认同"金钱乃万恶之源"的文化环境中，此类人有时会遭到质疑与诟病，作为一名女性更是如此，但吉祥并不受这些狭隘观点的约束，继续边界清晰坦坦荡荡地按照自己的商业蓝图往前行。如果一个人任由自己的日子过得十分凄苦，却陷入自己感动自己的幻想中，既不想办法改善生活状况，又不能用欣赏的眼光看待他人的拼搏，那我无法想象他有多少能力可以去帮助他人。只有阳光才可以温暖人，也只有那些生生不息向前奔跑的人，才能带动其他人一起动起来。

从吉祥身上，我看到的是一名勇敢的女性，她坦然正视自己的渴望，同时也不忘沿路赠人玫瑰。

吉祥听说我发起了一个关怀残障孩子的公益活动，二话不说就决定和我携手发起一场公益课程义卖直播，最终她不仅把当晚直播获得的课程费用悉数捐给此公益项目，而且自己还额外配捐了3万元帮助更多残障孩子，另外还赠送了公益课给参加公益项目的家长。自我实现和帮助他人，在智者的眼里并不矛盾，天然便是相辅相成。

以上，便是吉祥在我眼里的样子，再来说说她的新书。

在我初见书名时就很兴奋地说："我也需要这本书。"当看了书的内容后，就更确定了这一点。因为我曾经也会过度付出和给予，过度容让其他人参与我的生活，我在这方面真是遭遇过太多不必要的混乱与痛苦。有时候我会出于不好意思而答应别人一件事，回过神来时才感到巨大压力，只能苦哈哈地兑现承诺；有时候我明明心里有个主意，但遇见他人强势地干预，就被带乱了节奏，回味的时候又觉得心里翻江倒海般难受；有时候我很想提出请求，却左右思量，错过了最佳的时机；有时候我明明已经疲惫不堪，却又因无法拒绝而让自己更疲惫……

这些因缺乏界限引起的人生问题，在许多年里都让我苦不堪言，甚至破坏了我去付出爱的信心，也带给他人迷惑。直到后来遇见我先生Charles，我才从他身上看到了"界限感"带来的自由和清朗。

界限感是非常重要的课题，一个没有界限感的人只会成为"滥好人"，而不会拥有丰盛的幸福感。就算是付出一切，内心也只有无尽的抱怨和混乱……只有当一个人愿意面对"自己需要边界，别人也需要边界"这一事实时，他才会拥有通透的人生，否则会一直陷入对自己对他人的怀疑和否定中。

就连上帝都尊重我们的自由意志,为何人与人之间却可以肆意践踏对方的边界?这绝不是"爱"的本质。爱是尊重和支持。勇敢,有时候就是体现在:我们意识到自己是宝贵的,拥有愿意去维护自己边界的勇气。只有当一个人敢于维护自己的边界时,他才有智慧与力量去尊重他人的边界,也才可以与他人维系健康的关系。

逾越边界的言行,一定会带来混乱和伤害,会让不同职分的人疏于或过于承担自己的责任。所以,我们需要有这样的觉知,更需要为此而努力。通常,敢于维护自我边界的人,往往是真正付出行动去履行个人责任的人。不要以为我只是提倡界限却罔顾责任,界限和责任是相互依存的。有时候我们容让别人"越界",也是有等、靠、要的思想,因为觉得要依附于人,觉得自己不够强大,所以宁愿在边界上退让,就算是感到不适难受,也只好带着怨气承受。这不是勇气和智慧。

正视自己的软弱,承认并开始付出改变的行动。在立界限的同时,也就意味着同时在跟自己说"从此,我要承担更大的责任了"。这才是正解。许多真正独立的人,从心理、经济、精神上都是独立的,他们可以为家庭、社会提供更大的价值,推动更大的发展。

虽然到现在为止,在"界限"这个功课上我已经大有长进,但还有很多细节需要慢慢调整。尤其当自己承担了更大的责任时,为了让心中的理想可以得到更好的实践,我知道,必须学习如何在爱里设立健康的界限。而吉祥的新书《好的爱,有边界》来得正是时候,她拥有丰富的个人咨询和团体辅导经验,再加上她本人活出来的坦荡又有力的生命，我相信这本书会成为很多掉在"爱的迷宫"里的人的帮助和祝福。

　　衷心希望这本书可以成为许多人的枕边书，当你哭泣的时候，当你孤单的时候，当你迷茫的时候，都有吉祥的安慰和专业指导陪伴你激励你，助你成为一个更有力量为自己的人生负责、勇敢设立边界、用爱与智慧祝福他人的人！

廖智
"无腿舞者"、千万粉丝励志博主
畅销书《活着，像光和盐一样》作者

前 言

"你想清楚了,有她没我,有我没她!"

砰的一声,晓兰(化名)①摔上门,头也不回地走了。

"她是我妈!你神经病吧!"王健拉开门,朝着远去的妻子大吼。

他不明白,晓兰的性格一向温润柔和,很好沟通,今天为什么如此反常。听说王健要接自己的母亲来家里住,晓兰竟然原地爆炸,坚决反对这件事。

然而,无论如何,王健心意已决,他一定要把妈妈接到家里来。

小时候,王健的爸爸常年在外工作。在他12岁那一年,爸爸去世了。他妈妈咬紧牙关,受尽了委屈,万分艰难地把他们兄妹三人抚养大。好在兄妹三人都争气,考上了好大学,毕业后也都找到了好工作,各自建立了自己的家庭。

王健现在是一家大企业的总工程师,每年年薪加分红有近百万

---

① 本书所举案例中所提及的姓名均为化名。

元,是最让妈妈骄傲的孩子。她经常对王健说:"妈妈这辈子什么都没有,只有你们,我一辈子都奉献给你们了。还好你们三个都争气,特别是你,让妈妈老有所依,面上有光。我前半辈子辛苦,现在总算要跟着儿子享福了。"

王健对此深以为然。作为大哥,他懂事最早,心里最清楚妈妈一路抚养他们经历过多少艰难。他早就暗暗发誓:将来我出人头地了,一定要好好补偿妈妈!所以,三年前他和晓兰在市区买了一套大平层,第一时间就把妈妈请过来住了。

那个时候,妻子晓兰是欢迎婆婆来住的。她听王健说过,婆婆当年如何含辛茹苦把他们兄妹拉扯大,她也很心疼婆婆的不容易。婆婆住进来的第一天,晓兰就暗暗决定,要把婆婆当成自己的母亲一样照顾和孝敬。

王健的妈妈住进小两口的家里,也不想当个闲人。她心疼儿子和儿媳妇每天早出晚归,于是自告奋勇,主动帮忙打理家务。每天她都把家里打扫得干干净净,做出热腾腾的饭菜,把小两口的衣服洗干净,还叠得整整齐齐。王健怕她太累,还特意找了个保姆,但是当天就被她辞退了。她说自己苦了一辈子,做这点事有什么辛苦的,何必浪费钱请保姆。

一开始,一切都很和谐。王健很享受妈妈的照顾,妈妈也有事可做,觉得自己没吃闲饭,是个有用的人。但是,渐渐地,矛盾开始出现。

最开始是晓兰发现,婆婆总是趁他们上班时进他们的卧室,把她和王健的衣服，包括内衣、内裤都拿去洗。她跟婆婆说过好几次，不要到他们卧室拿衣服，要洗的衣服她会放到洗衣机旁的篮子里，但是婆婆每次都是口头上答应得好好的，实际上依然我行我素。在晓兰的心中，卧室是非常私密的地方，她不希望别人随便进入。何况，婆婆好几次擅自整理他们的衣橱。那衣橱里有好几套她买的有一点点小情趣的内衣，被婆婆摆到了另外的地方。这让她感觉自己的隐私被侵犯了。

其次出现的问题是，晓兰的生活方式跟婆婆有很大差异。晓兰希望王健能时不时地陪她出去吃个饭，可是自从婆婆住进来以后，他们每顿饭都得在家里吃。对晓兰而言，婆婆做的饭太淡，又总是那几个菜，偶尔她想出去吃换个口味，婆婆就会不高兴，一是心疼钱，二是觉得外面的饭菜不卫生也没营养。这样一来，晓兰就觉得压力很大，每天吃着不对胃口的饭菜，却不能花自己的钱出去打打牙祭，心里总觉得有点憋屈。

每天早上7点，婆婆做的早餐会准时上桌，因此她要求王健每天这个时间就已经穿好衣服、洗漱完毕，准备好吃早饭了。用她的话说，一日之计在于晨，早餐吃得早点，中午才能到点儿就饿，这样三餐才能准时、规律。

可是晓兰和王健都是夜猫子，他们的工作要求晚上加班，但白天不用那么早上班，所以早起对他们而言无比痛苦。王健还能硬撑着爬起来吃早饭，毕竟从小就是这么过来的，晓兰可就不愿意了，她宁愿不吃早饭也要睡饱觉。

有一天，王健进屋叫醒晓兰说："晓兰，你连续几天都没起来吃早饭，我妈不高兴了。"

"为什么？"晓兰没明白婆婆不高兴的原因是什么。

"她说，她辛辛苦苦做早饭，你不起床吃，是给她甩脸子。"

晓兰听了这话很诧异，她对王健说："你没有跟她说我每天晚上很晚睡，早上起不来吗？"

"说了，但老人家嘛，做都做了，你好歹赏个脸，爬起来吃几口再回去睡，成吗？"

晓兰心里一万个不情愿。为什么你给我做早饭，我就一定得接受？又不是我要求你做的。但是，看着丈夫为难的脸，她一边气他什么都顺着他妈妈不能替自己挡着，一边又心疼他被夹在中间左右为难，于是只好忍着一肚子的憋屈出去吃饭。

除了这些生活琐事，晓兰发现，还有一个很大的不便：婆婆在家，两口子都不能痛痛快快地吵架了。有时候还没有到吵架的地步，只是观点不同，两人有些争执，王健的妈妈就会出来说："别吵别吵，家和万事兴，好端端的日子你们吵什么呢！"

两人明明可以通过这样的争执、分辩过程来沟通，从而更加了解对方的想法，却因为婆婆的劝阻变得不能沟通，更不敢吵架。久而久之，两人心里都积累了不少情绪，经常一碰就炸。

其实晓兰很纠结，婆婆并没有做什么出格的事，而且她在家里还真帮了他们夫妻不少忙。晓兰无数次怀疑：是不是我太自私，太矫情，太作了？这么好的婆婆，我还不知足，还觉得人家不好？

于是,她一次又一次地选择隐忍,选择沉默,选择自我安慰和自我开解。

与此同时,王健这边也不好受。他明显感觉到了老婆的不满。老婆觉得他是"妈宝男",不像以前那样尊重他了。同时,他也感觉到,因为妈妈的入住,他们无法随心所欲地享受二人世界,感情明显疏远了很多。

晓兰催了他好几次,让他劝婆婆搬出去,要么回老家,要么给她在同一小区租个房子。可王健每次跟妈妈提及在隔壁租房子的事,他妈妈就开始流泪,摆出一副被抛弃、生无可恋的样子,还会说:"妈老了,没用了。你长大了,不再像当年那样需要我了。"

类似这样的话,让王健只能就此作罢。

而王健妈妈的心里也不好受。她原本期待的是,住进儿子家里,就像住进自己家里一样,她还是那个什么都说了算的妈妈,继续照顾两个孩子。可现实是,在这个家里,她像个"第三者"。做了饭,儿媳妇不喜欢吃;想帮她洗衣服、打扫卫生,卧室还不让进。

看着儿媳妇日渐阴沉的脸和儿子努力掩盖的不安,她想:我当初牺牲一切养大的儿子,怎么结了婚就不愿意和我一起住了呢?我是哪里得罪了儿媳妇,她为什么非得把我赶走呢?我在家里干那么多活,他们都不领情吗?好像我做得越多,错得就越多,难道儿子是个"白眼狼",娶了媳妇忘了娘吗?

这个家庭里的三个人,起初都对彼此充满了爱,却因为缺乏边界感而让彼此越来越痛苦。他们都试图用压抑、掩盖、隐忍、自我开解等方式来维系关系,结果却让彼此的关系渐行渐远。

这就是为什么爱得越深、关系越亲密,我们就越需要设立边界。

让爱不再带来伤害

我第一次清晰意识到人和人之间的界限,是在Jack和莲莹夫妇家里。

我清楚记得,当时我坐在他们家客厅窗边那个米白色的摇椅上,而他们正在往窗边的圣诞树上挂彩球。我已经不记得当时他们在说什么了,应该是对话不太愉快,Jack突然放下手中的彩球,沉着脸离开客厅,去了他的房间。

我疑惑地看向莲莹,觉得很尴尬。而莲莹却泰然自若地和我聊天,一边还继续挂着彩球。我能够感受到,她的那种自然的态度,不是因为有我这个多年的老朋友在场而故意装出来的,而是她真的没有被丈夫的情绪影响。

我问她:"Jack怎么了?他为什么生气?"

莲莹说:"哦,他有些生气,需要安静一下。"

我很善解人意地说:"那你要不要进去看一下?"

没想到,莲莹接下来的话让我大吃一惊。

她轻松地说道:"没关系,这是他的情绪,让他自己处理一下就好了,我们不用为他负责。"

这是我人生中第一次听说,我们不用为另一个人的情绪负责。

从小到大,我都被直接或间接地告知,我需要为别人的情绪负责:

我爸爸生气了,是因为我不听话,惹他生气,所以我需要对他的怒气负责;

我妈妈焦虑了,是因为我考试不及格,所以我需要对她的焦虑负责;

我被老师批评了,是因为我上课开小差,所以我需要对她的暴怒负责;

……

但今天,这个世界上有一个人,她告诉我,她不必为她丈夫的情绪负责!

从那时开始,我开始去了解"界限"的概念,并试着用有边界感的眼光审视人和人之间的关系。我猛然发现,原来没有界限的关系,哪怕是最亲的血缘关系,其中也会埋藏很多的积怨和愤怒。

随着我对界限的了解越多,我就越发现,界限是一切关系的基石。健康的界限不但不会摧毁关系,反而会保护关系,让关系更加健康、亲密和长久地维系下去。

这十几年间,作为心理咨询师,我为两万多个家庭提供了超四万小时的心理辅导。通过总结这些辅导经验我发现,很多人之所以会有严重的焦虑症、抑郁症,很重要的一个原因就是:无论男女老少,从事何种行业,他们在生活中都完全没有界限意识,在人际关系中严重缺乏边界感。

Rachel，35 岁，单身，常年失眠，极度焦虑，因为她的父母隔三岔五地就攻击她，说她这么大年纪还不结婚，并且自作主张给她安排了许多相亲对象，让她为自己的单身感到无比羞耻。

仁忠，47 岁，离异，中度抑郁。他很爱自己的前妻，离婚的原因是他无法阻止自己的母亲对妻子百般刁难，妻子多次提出希望他和妈妈立界限，他做不到，于是妻子带着孩子离开了他。

王琴，52 岁，上市公司高管，重度抑郁。她从小有一位对她极度严格的母亲，每次考试她如果不是第一名就会挨揍。直到现在，她的妈妈还会因为她的事业达不到自己的要求，或是育儿方式不合自己心意而对她破口大骂。

芳芳，26 岁，独身主义者。她坚决不结婚，因为她看到父母的婚姻缺乏界限，他们总是用最恶毒和尖刻的语言彼此辱骂、彼此伤害，最后各自出轨。

……

我的系列课程"为家庭立界限"，每年都有很多伤痕累累的人来参加。这样的案例数不胜数，让人痛心。特别是，其中有很多人真的非常优秀，是各行各业中的佼佼者，却因为从来没有人告诉他们在关系中应该有边界感，也没有建立起健康的界限，而常年被困在不愉快的关系和情绪压力之下，痛苦不堪。

再讲一个例子：一个孩子去参加物理奥赛，没有拿到一等奖，但是也拿到了奖项。其实，这个男孩子已经很优秀了，但是他的妈妈非常失望，表现出十分惋惜的样子，并且跟这个孩子说："你看，你让我饭都吃不下了。"这句话一直影响着这个孩子，直到他38岁来找我咨询，跟我讲到那一幕时，他仍记得很清楚，就是从那个时候开始，他认为，如果他妈妈难过到吃不下饭，那是他的错，是他的责任，是他没有做好。久而久之，他形成了一个错误认知：他需要为别人的情绪负责。

怎么负责呢？他必须完美，优秀，毫无缺陷。

当然，我相信这不是他妈妈说了一次就造成的结果，应该是他妈妈平时就有类似的表达。所以他要求自己什么都要做得很好，一定要非常优秀，不能输，只能赢。他不想让他妈妈失望。

长大后，他在工作当中怕老板失望。在婚姻中，他怕他的太太失望。所以，他想尽一切办法，做了很多"维持优秀"的事情：为了维持他的业绩，作为销售经理的他，不惜篡改公司销售数据；作为丈夫，他为了给家人更加优渥的生活而成了工作狂，妻子因为他常年缺席家庭生活，毅然和他离了婚；后来，公司发现他作假，一纸诉状将他告上法庭……

有一次我在接受采访的时候提到，在我看来，中国社会是最有人情味的社会，中国的家庭是最愿意为彼此付出和牺牲的家庭，中国人是最讲感情的人，大家都为了更美好的关系用尽全力，却常常因为缺乏界限意识功亏一篑。结果是，我们越努力，越容易产生难以弥补的伤害。

这也是为什么每次我回国做界限主题的讲座，都会场场爆满。

很多人在听完讲座后分享，就像我在Jack和莲莹家里所经历的一样，他们的界限意识被讲座开启了，开始用更有边界感的眼光审视自己的生活，对很多已经失去信心的关系重新燃起了修复的希望。

凡此种种，令我萌发了一个念头，何不写一本书，专门讲一讲如何在各种关系中设立界限，让它成为我们所有关系的祝福。

你是否需要这本书？

如果你不是很确定自己是否需要这本书，以下几个场景，请你测试一下，看看自己究竟是不是一个有边界感、会立界限的人。

评分标准：以0~10分来打分，能够迅速清晰并理直气壮地设立健康界限打10分，会犹豫很久然后提出界限要求并给出界限后果打8分，可能会提要求但大概率会被无视打6分，会提出界限要求但不会给出界限后果打4分，不会提出界限要求也不会给出界限后果打2分，根本不敢去立界限打0分。

场景1：

你在外地工作，有一天你妈妈给你打电话，说她的好朋友张阿姨的女儿这两天要到你这里来玩，让你招待一下。她来玩三天，这三天你要全程陪她，带她去逛当地的景区，这样可以让你妈妈在张阿姨面前很有面子。这在我们中国文化中是一件再正常不过的事。但是问题就在于你那几天恰恰有很多的事情要做,没有时间去陪她,你需要加班来完成考评。但是你妈妈说,没关系,你可以只陪她一天。问题是你连一天时间都没有,可是你妈妈也已经退而求其次了,这样的要求你会怎么回应?你知不知道自己该怎么做呢?请你根据真实的情况来考虑,而不是想象自己会怎么做。怎样可以很好地把界限立起来呢?你是否能以非常舒适的状态来立界限,而且非常自信地知道该怎么立界限呢?以0~10分来打分,你对你和妈妈立界限的能力打几分?

场景2:

你有一个同事每次和老板汇报的时候总会把你的业绩说成是他的,你心里很不舒服,这个时候你会怎么做?选择跟他大吵一架还是跑到老板那里哭诉?这些方式都表示你不太会立界限。那么,到底该怎么做呢?以0~10分来打分,你对你和同事立界限的能力打几分?

场景3:

每一次你出去吃饭或者去买咖啡,你朋友都会请你帮他顺便带一份,但是你发现每次你带回来以后,他从来不提给你钱的事,也从来没有回请过你。而且,你发现他好像已经形成习惯,总会找你。请问，这时候你会怎么做？你知不知道怎么做合适，并且你内心非常自信，也很坦然，可以照此去做？以 0~10 分来打分，你对你和朋友立界限的能力打几分？

场景 4：

从你很小的时候开始，你父母的关系就不好。后来他们离婚了。离婚后，你妈妈总是说你爸爸的坏话，说他是个渣男，如何始乱终弃，自己怎么样瞧不起他云云。或者是反过来，你的爸爸总是这样评论你妈妈。请问，遇到这种情况，你会怎么做？或者是，如果他们没有离婚，但总是吵架，吵完架就跑来跟你讲对方哪里不好，你会怎么做？你对自己现在的做法是不是满意？以 0~10 分来打分，你对你和妈妈/爸爸立界限的能力打几分？

场景 5：

你爸爸跟你说，他这么多年不和你妈妈离婚，都是因为你，所以你以后一定要出人头地，有出息，这样才对得起爸爸。你妈妈和她的家人都瞧不起你爸爸，他这一辈子都窝在这儿，就是因为你。他不希望你成为一个没有爸爸的人，也不希望你的家庭是破碎的。现在，他就你这么一个指望了。请问，这个时候你会怎么想、怎么做？对自己可能会有的反应，你觉得是对的吗？你觉得舒服吗？以 0~10 分来打分，你对你和爸爸立界限的能力打几分？

完成这几个测试之后，你可以看看自己的总得分。如果你的得分高于45分，恭喜你，你对自己立界限的能力很自信，相信你对界限已有一定程度的认知，可以对照本书相关章节，看看你所立的界限是否健康，是否为不伤害关系、反而能保护关系的界限。如果你的得分低于30分，建议你认真通读这本书，因为你对界限的认知可能非常模糊且有诸多误解，因此对这个话题心存恐惧。你需要通过此书，纠正对界限的错误认知，学习如何克服恐惧，建立保护长久关系的界限。如果你的得分为30~45分，说明你期待立界限，但可能不知道如何正确地立界限，建议你将这本书作为指南，按照里面的原则来梳理你的人际关系。

在这本书里，我会通过很多实际的案例解释什么是界限，我们对界限存在哪些常有的迷思，帮助你梳理自己内心的纠结，勇敢地打破文化、传统和环境的限制，逐步建立起健康的界限。在本书的后半部分，我还会具体讲到如何为婚姻、父母、孩子和自己立界限，让我们的家庭全方位地被健康的界限意识所赋能。

当你学会了如何建立健康的界限，你会发现：

你终于不必一直忍受父母的种种干预，可以更轻松、更愉快地跟他们相处；

你对别人将更有安全感，因为你不会再允许别人故意或不经意地占你便宜；

你对自己也更有安全感，因为你能用界限来保护自己，不轻易被伤害；

你会更加理直气壮，因为边界感会让你更自信，更喜欢自己；

你不再一心想要讨好身边的人，让所有人都喜欢你，因为你知道自己不必再为他们负责任；

你和家人、朋友更亲近了，因为界限让你们不再彼此伤害，而是让你们彼此更尊重；

你更懂得享受生活了，因为界限让你的生活非常安全，不会有人进入你的生活中对你指手画脚、随意指责，你也不再被别人的道德所绑架、被别人的情绪勒索所捆绑；

你更有力量了，因为你开始掌控自己的生活，规划自己的生活。

王健和晓兰这对夫妇，后来报名学习了我的两门课程。一门是之前提到的"为家庭立界限"，还有一门是"婚姻共进营"。在课程中他们终于明白，之前让他们痛苦不堪的争吵，并不是因为他们对生活的期待有问题，而是因为他们没有为这些期待设立界限。以至于一方的期待在另一方的眼中成了威胁，结果让双方对立起来，无法享受幸福的生活。

痛定思痛，这对夫妻终于坐到一起，为他们的婚姻以及与父母的关系等一一设立界限。其间他们有过很多次争吵，一次次讨论，一次次修改，最终立好了他们家庭的界限。

更难得的是，他们一起跟王健的妈妈立好了界限。他们首先感谢妈妈一直以来对他们的帮助，然后说明了为什么要跟她立界限。

当天晚上，王健的妈妈号啕大哭，感觉备受伤害。第二天她就执意离开了他们的家。夫妻二人已经预料到她需要一些时间来消化这些信息，所以他们尽可能地向她表达善意，并把她送上了回老家的高铁。

接下来的半年里，他们仍然时常给妈妈打电话，买礼物给她，对她嘘寒问暖。刚开始，王健妈妈每次接起电话就不停地诉说自己的委屈，痛斥儿子"没良心"，试图让儿子承认他做错了。她也用了常见的道德绑架、情绪勒索等方法，希望可以迫使儿子儿媳让步。

但是，王健夫妻二人都温柔而坚定地守住了界限，并持续地向妈妈传递善意。渐渐地，王健妈妈的反应不再那么激烈，也不再那么感到受伤，她甚至反过来开始给夫妻俩立界限。

两年后，王健妈妈因为意外骨折，需要住进儿子家里疗养。妈妈搬进来的前一夜，王健问晓兰："你有什么担心的地方，需要我注意的吗？"

晓兰笑了笑，说："我们不是以前的我们，你妈也不是以前的妈了，放心睡吧。"

这就是我期待每个人读完这本书之后可以获得的生活：所有的关系都被理顺，每个人的爱都不被辜负。

（欢迎大家关注我的视频号账号：吉祥的家庭智慧）

第一章 大多痛苦的关系，都源于没有边界感

我们每一个人在出生的那一刻，甚至还没有出生的时候，就已经被赋予了天然的界限，那就是我们的皮肤。你可以想象一下，如果没有皮肤，当我们彼此拥抱的时候，我们的肉会粘在一起，分开的时候就会特别疼。所以，其实我们在生理上就是独立的存在，跟其他人是需要分隔开来的。因此，我们的心理和情绪，也应该是有界限的。如果我们的各种关系缺少界限，往往就会滋生很多的问题。

"狗血"的关系，怎么就发生在我身上了

有时候我们会觉得，这种事情导演都不敢拍、电视剧都不会这么演，怎么就发生在我身上了？

这种戏剧化的情景，经常会出现在没有界限的关系里。没有界限的关系容易让人产生"无名火"，就是不知道为什么，但总觉得有点愤怒，心里藏了一团火，要么努力把它压下去，要么找个机会爆发

出来。这是因为对方经常越界,你又不知道怎么拒绝,这种不愉快就会积压在心底。于是,我们会想要从别的方面来越过对方的界限作为报复,比如实在忍不了的时候大骂他一顿。这时关系就会变得紧张。

在我们跟父母、配偶、朋友的关系中,经常会出现这样的情况。有一个单亲妈妈王芳,她生下女儿之后,孩子的父亲就从她的世界中消失了。她一个人把孩子拉扯大。因为只有她一个人带孩子,所以她对孩子管得很严,小到穿什么衣服,大到女儿长大后交的男朋友,都要干预。特别是在恋爱方面,她坚决不准女儿跟她不认可的男生交往,因为她害怕女儿步她的后尘。每次她女儿出去跟男朋友约会,回来之后她都要事无巨细地问所有的信息,甚至要女儿在外出时每20分钟向她报告一次,因为她想确保女儿不会跟约会中的男性发生性关系。她的女儿虽然明白王芳为什么会这样,但是心里依然有很多的愤怒,因为她觉得她的男朋友对她很好,所以她跟妈妈的关系就非常紧张。当时,正好也有一位男士在追求王芳,所以她女儿就以同样的方法去破坏王芳和那位男士之间的关系。这样一来,王芳与她女儿的关系就变得很戏剧化了。

所以,如果你发现你跟他人的关系常常处于非常紧张的状态,或者每次都是以极具戏剧化的结果收场,两个人从此不再见面,彼此拉黑,你就要意识到,这是缺少界限的关系中经常会出现的状况。

过度依赖，习惯被他人掌控

在一个妈妈群里，有一个妈妈想买一顶帽子。然后，她就给大家发了三张图片，让大家帮着选一选哪顶帽子好看。可想而知，她一定会得到不同的答案，因为众口难调，每个人的审美标准都不同。就为这一顶不到50块钱的帽子，这个妈妈等了小半年的时间，迟迟做不了决定。她很难独立做决定，因为在她的人生中没有界限的概念。她总有一种倾向，就是要让别人来替她做决定，让别人来告诉她什么是可以的。她不知道选帽子这件事是自己的责任，她完全可以自己做出决定。所以，她很少掌控自己的生活，她习惯让别人来控制她，来告诉她什么是对的、什么是错的，什么可以做、什么不可以做。

有时我们也会发现，有些人在处理工作时没有问题，但一遇到生活上的事就很难做决定。其中一个原因是他们比较容易把工作和生活分开。这样的人可能从小他生活上的界限就被侵犯了，但是在学习上的界限并没有。所以，你会看到很多人在工作上很独立，在生活上却特别依赖父母或配偶。因为从小到大，学习只能靠自己，父母没法帮我们，所以相对而言，我们更有能力在这方面有界限地做一些事情。但是在生活中，我们往往被侵犯得比较多，所以界限的意识也就没有被建立起来，于是在生活中我们就更难独立做决定。

在生活中过度依赖他人，会导致关系变成什么样呢？有一个女孩子小丽，她做任何决定都需要别人的认可才能确信自己的选择是正确的。当年考大学选择专业时，她其实很想学医将来当医生，但因为她最爱的父亲说了一句:"女孩子是不是做些文静的工作,能够顾家更好?"于是她便放弃了学医,做了一名护士。现在她每次看到那些女医生,她的心里就对父亲充满了埋怨,也因此和原本关系亲密的父亲逐渐生疏。

过度讨好,咬着牙满足别人

缺乏界限会导致我们的自我认知建立不起来,从而没有安全感。我们会害怕别人对我们失望,因为我们常常让他人来定义我们是谁、判断我们是否有价值。这就是为什么缺乏界限的人不能也不敢对别人说"不",不管多么辛苦,他都会咬着牙来满足别人。

因此,在心理咨询的过程中,我常听到有人说这样的话:"他会对我失望的"或者"我如果这样做了,他会很伤心的"。提到要在工作当中立界限,很多人的第一反应是,我的同事、我的老板都会对我失望。如果我不允许他们对我这样做,他们会对我不满。

在亲密关系中,缺乏边界感的人可能会想:如果我对他说我不喜欢他这样,他还会爱我吗?还会接纳我吗?如果我因此被抛弃怎么办?

请记住,正是因为你缺少界限意识,你才会产生这种感觉、提出这种问题。有边界感、会立界限的人一般不会提出这样的问题,因为他们心里很清楚:如果我因为立界限而被拒绝或者被抛弃,那么就说明我立的界限是对的。一个会因为我强调了我的界限就抛弃我或者是拒绝我的人，本身就不值得留恋。他对我的生活起不到良性的作用，而是会起到负面的作用。

害怕让他人失望的心态会对我们自己造成非常大的伤害，而且对关系本身也并没有益处。如果问持这种心态的人："你为什么害怕别人失望？"他们多半会回答："你要我仔细说，我也说不出来为什么。"就是那个说不出来的东西毁坏了我们的生活，它成了隐形的杀手和强盗，夺走了我们生活中原本可以享受的人与人之间的健康关系。

有一个男孩军军，他的成绩非常好，高二的时候就收到多家常春藤盟校的邀请信，请他报考。这个孩子这么优秀，我们都认为他在收到邀请信的时候一定会很高兴。然而，事实是他每晚都焦虑得不得了。为什么？他跟我说，他怕他真的报考这些学校之后会落榜。现在所有人都对他期望很高，他怕万一没考上，他们会很失望。所以，他把那些信都藏起来，不敢让他的爸爸妈妈看。

我问他："你有没有想过，你能够收到这些学校的邀请信，已经非常优秀了？"他的回答是："那不算什么。"

他的成绩很好，可是周围的同学都不太喜欢他。为什么？因为他总是唯唯诺诺的，大家都觉得他很没有个性。他什么都不敢去尝试，除非他知道他一定会赢，他才会去做，反之则不会。他这么做的原因是希望大家喜欢他、永远不对他失望，结果却和他想要的正相反。他和父母的关系显然也缺乏亲密、坦诚，因此他很难从父母那里得到他原本需要的支持。

王伟是一名企业高管。在我们的团体辅导课上，他说过一件事：有一次，他的一个员工认为自己的工作一直没做好，就很烦躁。当王伟听到以后，他的第一反应是：都是我的问题，是我没有做好，没有领导能力，别人会因为这个员工的情绪而认定我是一个很糟糕的领导。

这也是没有界限的表现。王伟不明白，他人的情绪应当由他人负责，跟他没有关系。他会把很多事情往自己身上揽，认为别人的情绪总与他有关。员工如果有失望的情绪，他就会认为是自己导致的，产生莫名的罪恶感。

过度讨好别人的人本来是想让所有人都高兴，想让别人看到自己的美好而喜欢自己，但结果往往是让自己变成一个不被尊重、没有立场的老好人，做事瞻前顾后，畏畏缩缩，原本的优秀也被埋没了。

过度分享隐私，让他没有几个"真朋友"

李君是一个对朋友极其慷慨大方的人，我开玩笑地说他是一个"借钱自由"的人。因为几乎所有他的朋友都跟他借过钱。他一旦跟一个人成为朋友，就会全身心、无条件地信任对方，哪怕他们刚刚认识。并且，他还会告诉对方很多自己的事情，包括自己的经济状况。

然后，别人就会找他借钱。

　　他找我咨询的时候，我让他算一算，在他所有的朋友中，没有找他借过钱的有几个。他说不超过五个。钱是非常私人的物品，他都会这样轻易地借出去，哪怕他心里不想借最终也会借，少则一两万元，多则十万、二十万元。而这些借钱的人，并不会因此特别看重他，甚至认为他是一个"人傻钱多的憨包"，他们邀请他一起吃饭很大一部分原因就是，知道他一定会抢着买单。

　　越是缺乏界限的人，越容易把很多隐私告诉别人，因为他不知道怎么保护自己，不知道有些话其实不应该在朋友面前说，那样做是越界的。或者他会忍不住地分享，而且也期待对方同等程度地敞开分享自己的隐私。更严重的是，他可能根本不认识某个人，却非常信任别人。

　　过度分享隐私，会对我们的生活造成很多麻烦。我有学员因为过度分享隐私，让并不安全的人了解了他内心的软弱，后来被这个人情绪操控、PUA[①]，变得极度自卑；还有人因为过度分享隐私，被别有用心的人在外面大肆宣扬他的隐私，对他的名誉造成极坏的影响；更有学员因为过度分享隐私，和认识不深的人结婚怀孕，在婚姻中终日以泪洗面。

---

① PUA，是指一方通过精神打压等方式对另一方进行情感控制。

失去尊重，甚至成为受害者

很多时候我们认为，如果我有界限，我会被伤害。比如孩子被老师骂哭了，父母想找老师讲理，但同时又会担心，如果我找了老师，老师可能会对我的孩子不好。

但其实你可以观察一下，想一想：身边那些有界限的人，大家是怎样对他的？是可以随便对他、伤害他呢，还是尊重他？

如果你是一个不会立界限的人，你很可能不会得到别人的尊重。

所以，对每一个来问我是不是不该去找老师的家长，我都会说："你根本就不应该害怕，因为你要求老师合理地对待你的孩子，这并不是在要求老师做一件很可笑、很过分的事情，仅仅是要求他做他该做的事情。如果他连这个都拒绝，那么你就应该告知对方后果，来强调自己的界限。"

同样的道理，如果一个女人在婚姻里没有界限，丈夫就很难尊重她。特别是，如果她是一个全职家庭主妇，而丈夫一个人在外工作。

请注意，妻子得不到丈夫的尊重，并不是因为妻子选择做家庭主妇。妻子得不到尊重，一方面，当然是丈夫的问题，无论妻子有没有在外面工作，他都应该尊重妻子；另一方面，也是因为妻子不敢明确地立界限，如果妻子自己都不知道她应该被尊重，别人就往往不会尊重她。

所以，缺乏边界感的人，别人会公然或者是悄悄地欺负他们。

因为他们就算知道自己被欺负了，也不敢说什么。我们管这类人叫"老好人"。注意，所谓"性格特别好"的人，很有可能是没有边界感的人，在工作、家庭或者朋友当中他经常被忽略。比如说，一群人要聚会，大家问了所有人想吃什么，但就是不问他。

有时候，这类人也会觉得自己好像比较倒霉，为什么总是我遇到这种情况？他可能会发现，自己特别容易吸引那种操控型的人、强势的人。所以，我们就会听到有人说，不知道为什么，这个女孩总是会找一个"渣男"、已婚男或者有家暴倾向的男人谈恋爱。

以家暴为例，很少有人在一开始谈恋爱的时候就遭遇暴力，大部分的家暴都是施暴者一步一步地侵犯对方界限，最后才到了施暴的地步。比如，第一次施暴者可能只是扔了个东西在被施暴者的身边，这时本就该立界限，但是没有。于是第二次，施暴者更加胆大，在被施暴者身边的墙上打了一拳，这时界限还是没有出现。于是第三次，施暴者的拳头就打在受害者身上了。

这里要特别说明的是，家暴的问题绝对不只是受害者没有界限造成的，无论一个人有没有界限，她都不应该受到身体、语言或精神层面的暴力与伤害。我要说的是，当一个人有界限意识时，家暴的情况大概率不会发生，因为家暴会被界限扼杀在摇篮里。

思虑过重，容易焦虑、恐惧

有些时候，我们觉得是关系让我们焦虑，有的人甚至因此对关系产生恐惧。

比如，李刚是一个对界限非常严格的人，任何人都不可以触碰他的界限。其实这也是一种错误的界限观，因为他对界限本身非常焦虑。这个焦虑让他在关系中变得极度强硬，油盐不进，让人不敢接近他。同事们出去喝酒吃饭，一般都不会叫他，因为大家对他有畏惧感。他其实很想和大家建立关系，可是又不知道应该怎么做，在他眼里，有界限就不能和人亲近，和人亲近就无法建立界限。

又比如，还有一些人，他们会为一些很小的事情产生罪恶感。比如说，大家吃完饭，桌上只剩下最后一块蛋糕，他把这块蛋糕吃了之后就觉得很不好，生发出罪恶感。或者是在商场里，他看到一张三人板凳，想要坐下，但那张板凳上已经有一个或者两个人坐着，这时候如果他说"请问能不能挪一下让我坐"，说完之后他就会产生非常深的罪恶感，觉得自己对不起坐在凳子上的人，然后就开始焦虑。

这些也是界限缺失带来的，因为这样的人不知道什么是自己的责任，什么是别人的责任，不知道应不应该提要求，什么样的要求能提，提这样的要求是不是越界了。因此他们总是会想，我是不是越过别人的界限了，我是不是给别人添麻烦了。

就好比那个想坐凳子的人，他会想：我请他挪开，会不会很麻烦他？但是他不会想到，他们两个人坐了三个人的座位，本来就应该让一让。

常常这样思虑过重，当然会很焦虑。焦虑又会带来另外一个后果，就是非常容易疲倦。

上班一天回到家，我们常常会觉得很累。这时候，我们一般会认为是生活太忙、工作太多了。是的，这些会导致我们疲惫，特别是如果有家、有孩子的话，责任多、事务繁杂，真的也是很让人疲倦的。

但是，因为界限缺乏而导致的疲倦和这种生理上的疲倦是不一样的。太忙、太累导致的疲倦是身体层面的，但如果你感到心里很疲倦，很有可能是界限出了问题。为什么？因为你总在做别人希望你做的事情，总在不停地满足别人的愿望和要求，脑子在一刻不停地琢磨怎么做才能让别人认可自己的价值，或者总在担心是不是麻烦了别人、得罪了别人。

过度付出，感动的其实是自己

过度付出常常存在于亲子关系当中。很多父母觉得自己为孩子牺牲了所有，把自己感动得一塌糊涂，但其实这种做法也是越界的。

如果你总在做你觉得应该做的事情，或是别人希望你做的事情，却忽略自己的一些基本需要，那你很可能从来没有想过自己要什么，自己的梦想是什么。久而久之，这会导致轻微的抑郁和焦虑，让你觉得提不起劲。

抑郁最明显的表现是，你会觉得做什么事情都少了一点动力。有的人兴致勃勃地去旅游，然而到了目的地，他又会觉得好像也挺无聊的。他不知道为什么本来很高兴的事，到了目的地之后会感觉索然无味。

一般人疲倦、劳累的时候会去睡觉，然而抑郁状态下的人，一觉睡醒还是会觉得很累，休息好像无法缓解那种疲惫感。或者，有的人会选择度假来放松，可抑郁状态下的人，就算度假回来也还是感觉很累。

长此以往，我们的情绪、精神和身体都会呈现出一种疲惫的状态。

王利是两个孩子的妈妈，她找到我说她最大的问题就是，她无法控制自己的情绪，常常突然大发雷霆，吓得孩子直哆嗦，老公干脆不理她，发完脾气后她又后悔得不得了，赶紧做些什么给家人赔罪。有一次她给我看她的日程表，我一看，密密麻麻安排的全是孩子的课外补习班，家里的琐事，以及父母、公婆的需要等事项。她甚至把"学习育儿"排上了日程。我问她："那你什么时候把时间留给自己呢？"她愣了愣，想了半天，说："我这么忙，自己哪儿有时间啊！"

其实她不是没有时间，而是没有为自己留出时间。这就是典型的过度付出。

过度付出的人往往陷入一个恶性循环：无限付出—感到委屈—爆发情绪—感到内疚—更多付出。中国妈妈非常容易陷入这样的恶性循环中而不自知。这也是为什么很多妈妈明明累得死去活来，自我感动得一塌糊涂，但是和孩子、配偶的关系却是剑拔弩张。很多妈妈委屈地告诉我："我为这个家牺牲了一切，付出了所有，最后的结果却是老公不珍惜、孩子不尊重，我活成了一个笑话。"

一次次隐忍，换来的是不断背叛

依欣是一个很有意思的人，她来找我做辅导，希望我可以教她如何改变她那个常年在外面拈花惹草的丈夫。"我用尽了一切办法，但是他就是不能安分守己，我不知道为什么，所以我想请你教我。"她说完烦躁地理了理头发，继续对我讲述她的故事。

依欣和先生在大学相识相爱，毕业后很快结了婚。她在大学做老师，先生考上了公务员，两人生活稳定，相爱相惜。结婚第二年她就怀孕生下了女儿。从女儿出生开始，她就辞掉了刚刚开始起步的工作，全职在家照顾孩子，两年后又生下儿子。老公辞掉了体制内的工作，下海经商，干得风生水起，一家四口小日子过得富足而幸福。

依欣的美好世界被击碎，源于一个想法。当时两个孩子都开始上学了，依欣想要捡起自己的事业，找份工作来做。她记得老公有个朋友是她专业领域的成功人士，就找老公要那个朋友的电话号码，想找些资源。老公当时正在和朋友下棋，就顺手把手机递给了依欣，让她自己找。也是在那天，她在老公的手机里发现他和3个女性一直保持着暧昧关系，与其中一个已经有了实质性的出轨行为。事情发生后，老公赌咒发誓地向依欣保证，他只是和她们逢场作戏，其实自己内心深爱着的只有她和孩子们。依欣看着泪流满面的丈夫，环顾着这个他们辛苦建立的家，看着熟睡的孩子，她压抑住内心的愤怒和悲伤，选择继续与丈夫过日子。

在接下来的一段时间里，她心存怀疑小心翼翼地留意着一切蛛丝马迹，想要证明丈夫真的能改变；她开始去健身房健身，希望身材可以更好些；她开始买衣服，做医美，想让自己变得更漂亮；她也去阅读很多心理学方面的书籍，希望自己可以更温柔，为老公提供更多情绪价值。就这样过了快一年，依欣告诉自己，已经过去这么久了，应该信任丈夫，他已经改变了……日子好像又回到了之前的平静。

直到第二次、第三次、第四次，她从各个渠道了解到丈夫和女性同事、助理、生意伙伴之间的各种牵扯不断。依欣一次又一次地试着原谅丈夫、信任丈夫并改变自己，但这好像变成了一个魔圈，每一次发现丈夫出轨，这个魔圈就转一轮，而依欣在一次次的失望中，从最开始的歇斯底里，到慢慢麻木。她开始在婚姻中"躺平"，对婚姻不再有期待，只要两人分工明确经营好这个家，把两个孩子养大，让外人看起来光鲜亮丽就行了，至于丈夫和外面的女人，依欣不愿再想，因为她的内心早已千疮百孔、疲惫不堪了。只是在某个安静的夜里，她偶尔无意间会想起，自己曾经有过美好的婚姻，也曾为了婚姻而斗志昂扬，对婚姻满怀信心。每次想到这些，她总会困惑不已，为什么自己一次又一次地隐忍、原谅和包容，不但不被丈夫珍惜，反而换来丈夫持续不断的背叛？为什么自己已经做了这么多，却还是得不到想要的幸福？

这个"依欣"是不是很熟悉？你有没有听过，甚至亲身经历过这样的情况？

从这个案例中，我们可以看到缺乏界限产生了两种后果，一种是显性后果，另一种是隐性后果。

显性后果是直接可见的：

- 因为不会为自己的婚姻立健康的界限，导致丈夫明明在婚姻中犯了错，她却成为受害者，饱受痛苦；
- 因为不会和丈夫立界限，导致丈夫敢一次又一次地背叛婚姻；
- 因为分不清界限，导致把丈夫出轨的错都揽到自己身上，认为自己做得不够好。

而隐性后果是更复杂、更隐秘的：

- 依欣开始变得极度焦虑，每次想到丈夫就手脚冰冷、头脑发晕，而且因为失眠，她的记忆也变得糟糕，情绪更是起伏不定；
- 因为对婚姻感到失望，依欣把所有关注都放到两个孩子身上，让孩子们紧张焦虑，和她的关系也剑拔弩张；
- 因为不会立界限，她向丈夫传递了这样一个信息：我可以不尊重妻子的感受、可以越界、可以不为她负责，而她需要继续忍让；

- 因为内心充满了怨恨和羞耻,她开始对身边的人和事感到愤怒;
- 因为对婚姻感到失望,依欣开始存私房钱,以防万一……

其实,在这个案例中,隐性后果还有很多,这里就不一一叙述了,相信你已经明白隐性后果的意思。

比起显性结果,隐性结果更可怕。它会影响你生活的每一分、每一秒,在一些非常细微的地方,在一个眼神、一个欲言又止的动作中影响你。它像慢性毒药,平时好像感觉不到,但日复一日、年复一年地积累下来,却是致命的。到最后,你自己都不知道出了什么问题。

我曾经辅导过一个不婚主义者,通过追溯她的过往,我发现她生活在一个非常缺乏界限的家庭。她爸爸很瞧不起她的妈妈,时常施以语言暴力。比如,她妈妈是个全职主妇,有一次她的爸爸下班回家,吃了一口妈妈做的饭,发现是冷的,就大发脾气,把盘子扔向妈妈。她的妈妈稍微收拾一下后,就赶紧重新去给她爸爸做饭,甚至自己都不敢去洗澡,也不敢去换衣服。可以看出,这种夫妻关系是非常缺乏界限的。他们自己可能没有意识到,但孩子看在眼里,记在心里,长大后就坚决不结婚,也对任何异性都不感兴趣。

当然,我们的一些选择、思想和态度是很多因素共同作用的结果,但原生家庭毫无边界感,确实会影响我们成年后如何看待和处理各种关系。

需要说明的是，我并不是说导致人生种种问题的唯一原因就是缺乏边界感。好像我们只要把界限建立起来，生活中的一切问题就都迎刃而解了。但是，一般来说，如果一个人能够把界限建立起来，就说明他的心理基础已经建立起来了。当他有健康的自我意识和健康的界限时，他的人际关系也会慢慢产生变化。

"每个人都不是一座孤岛"，当关系能够滋养一个人而不是消耗一个人的时候，我相信他生活的方方面面都会得到改善。因此，我们应当下决心立一个目标——要成为有边界感、会立界限的人。

在本章结束的时候，我邀请你做一下自测。请你拿一张纸、一支笔，写下以下这些类型的关系，哪一些是因为你缺乏界限正在经历或者曾经经历的。

你可以这样做：把与父母、配偶、孩子、朋友、同事或领导等的关系一一列出，然后逐个审视。也许在一些关系中你经常觉得很疲倦，或者是会受到攻击，而在另外一些关系中不会。有可能你会写出很多项，也有可能以上所有问题在你的生活中全部存在，这都是正常的。

不要觉得问题很严重就恐慌。当我们开始对这些问题敏感的时候，我们就离有界限的健康生活靠近了一步。在接下来的几章中，我会帮助你慢慢消除顾虑，学习建立新的关系模式。

第一章 有边界的爱,才有安全感

如果把爱比喻成能让我们休憩心灵的房子，那么界限就是房子的大门，任何住在房子里的人，只有知道这扇门是好的，随时可以关起来，才会感到安全。在夫妻关系中如此，在亲子关系中如此，在和父母的关系中如此，在和朋友的关系中也是如此。在任何一段关系中，一旦界限被侵犯，我们大脑里的杏仁核便会立刻拉响警报，让我们感觉"不舒服"，或者心里"堵"得慌。当界限长时间被侵犯，我们在潜意识中便会反感这种关系，甚至想要摆脱这种关系。

关系中没有界限，就像房子没有大门

想象一下，房子如果没有大门会怎样？这是非常危险的事情。从心理上说也是如此，没有界限意味着别人可以随意干涉你的私人空间、打乱你的个人选择。比如，你的父母可以干涉你的婚姻，可以任意指责你教养孩子的方式；你的朋友可以不顾你的安排让你陪她去逛街,改变你原有的计划;你的男朋友可以告诉你,你身材不够好,穿衣服很难看……你是否相信,他们之所以会这样对你,很可能是你自己造成的呢?你可能会说,你从来没有要他们这样对你。然而,如果你的房子是没有大门的,这就是在告诉他们:可以随意进出,我没有任何的方法防御你。所以,请大家记住这个场景,之后的章节中我也会多次提到这扇"门"。

再来想象一下另外一个场景:你们家来了一个客人,可能是你的闺密或者父母,她(他们)一进门就说你的沙发摆在这里不好看,要换一个位置,或者说你们家这个画不好,要把它换掉。想想看,如果今天有这样一个客人到你们家来,你会不会高兴?你会不会害怕?

我就听说过这样的案例,心心的丈夫的姐姐跑到他们家来,把他们家的沙发扔掉了,还重新买了一个沙发,把他们家弄得面目全非。如果你发现自己好像特别容易招惹这样的人,身边很多朋友好像都会这样对你,却不敢这么对别人,那你就要特别反思一下自己的界限问题。

前面我提到的晓兰,她婆婆每次来她家,都会趁她去上班的时候把她衣橱里所有的衣服翻出来,重新摆放一遍。很多人说这无关紧要,但这其实是非常侵犯界限的一件事。如果有人来你家里自作主张地这样做,你觉得舒服吗?又比如,有的婆婆到儿子儿媳妇家就会霸占整个厨房,然后把厨房的各种用品全部重新摆放。你想,这样的婆媳关系会好吗?如果你的婆婆是这样的,你觉得没问题,那你要非常警觉和小心,因为这意味着你的界限感非常弱,你的婚姻关系很容易出问题。

我们再来想象一个场景：假设你被邀请去参观宇宙飞船，这是件很不得了的事。你走进去以后，看见一个从来没有见过的东西。这时你被告知：飞船中有很多按钮，有些看得见有些看不见，而且飞船地板上都有，所以走路的时候要小心，不能碰任何的按钮，否则可能会有生命危险。请问，在这种情况下你该怎么做？你一定会站在原地，动都不敢动，对不对？这个场景就好像我们的生活中没有界限，这时候我们不知道什么是安全的，什么是不安全的。当我们处于一段没有界限的关系中时也是一样。所以，我们跟孩子、父母、配偶，甚至跟我们自己都要设立界限，否则人生将变得很混乱，什么时候踩雷都不知道。而界限给了我们一个非常明确的指示：这个按钮你不可以按，那个按钮可以按。这就是为什么今天高压电缆附近都会有醒目的标识，它告诉你这里不可以碰。同样的道理，我们也需要明确的界限。这些界限不但让我们清楚要怎么做，而且还会告诉我们，如果不照着做，后果是什么。

界限在哪里，安全感就在哪里

房子有了牢固的大门，就会让我们获得更多的安全感，界限亦是如此。

首先，界限可以给人安全感，因为它让人知道安全的范围在哪里。

跟一个人交往时，如果我不太了解这个人的脾气，我就不知道什么话可以讲、什么话不能讲。在交往过程中，我心里会紧张，因为我不太确定我是安全的，并且不太确定我和他的关系能维系多久。比如，你和你的好朋友在一起，你知道该怎么对他，一定是因为你知道他的界限在哪里，你们相处起来就会有安全感。

这就好比一条海边的公路，靠海的一边有铁围栏。其实，从铁围栏到海还有一段距离，中间是很多的石头、杂草之类。为什么在离海这么远的地方要设铁围栏呢？当你撞上围栏后，你会觉得：我离海还很远，为什么要设这个东西？可是，如果没有这个围栏，你会在不自知中冲出去，也许会直接冲进海里。而围栏能及时地把你挡住，即便撞上去也比冲进海里安全。

关系中的界限也是一样的。我们觉得好朋友之间不需要界限，但到最后我们的"友谊之车"就容易冲进海里。我们会因为没有界限感而一直忍耐某个朋友，即便心里很不高兴也不敢说"不"，反过来还会给对方找理由，认为他今天可能心情不好，所以才会对我那么冲……但是忍到一定程度，终将忍无可忍，就会决定断绝这种关系，老死不相往来。这就像车最后冲进海里一样，救都没得救。我们身边是不是有这样的事？本来两个很好的朋友后来闹翻了，或者是，公司合伙人最开始都是好兄弟，后来一拍两散。这些很多都是因为最开始没有立好界限。所以我们经常听到有人讲绝对不要跟朋友一起做生意，因为之后可能连朋友都做不成。

但如果我们一开始就立好界限，正如海边的铁围栏，别人就会知道：哦，到这个地方就可以了，我不要碰它。而且，现在有些地方，在你快要撞围栏的时候导航就会提醒你。为什么这样一层一层地预警？所有这些都是界限，表明你正在被提醒。我们在接下来的篇章中会讲到，立界限是一层一层地提醒对方：你不可以那样做，你要小心，已经很危险了。一段关系只有有了界限的保护，才是安全的，可以长久维持的。

其次，界限可以建立人的自我认知。

相信很多人前两年都听过这样一个新闻：北大法律系的一个女生，被男朋友PUA，最终因极度痛苦而自杀。当自我认知没有建立起来的时候，我们就只能靠他人的评价来判断自己的好坏（这也叫作他我认知）。上述案例中的女生正是被渣男操控了思想，定义了她的好坏，在一次又一次的PUA之后，她终于无法忍受，结束了自己本该灿烂的一生。个人认知和界限是一对彼此促进的概念，个人认知让一个人更有界限意识，而一个更有界限意识的人，他的个人认知也会更加明确，这是一个良性的循环。

很多年以前，我也认识一个会PUA的男性，他是某培训机构的英语老师，英语说得非常好，人也长得不错，从英国留学回来，风度翩翩。那时他追求我，我就试探性地和他接触了一段时间。过后，我发现这个人不对劲。为什么？比如，他会跟我说："你的脸上长了两颗痘痘，下次约会的时候能不能用点心，好好地化一下妆，把你自己的脸弄干净？"那时我就告诉他："我不喜欢你这样嫌弃地跟我讲话，好像我很丑一样。"当然，他是很不喜欢我这样立界限的，因为界限能攻克一切PUA的陷阱。他一次又一次地试着冲破我的界限。知道这样说我会不高兴后，他就从其他的方面攻击我。比如说，他会问："你几天没洗头了？"碰到这种情况，我不会回答他，我只会再次重复："你这样跟我讲话，让我觉得很不舒服。"有一次，我就自己走了。最后他也不再约我。

为什么我不喜欢别人这样说我呢？因为我的自我认知是，我不是一个很糟糕的人。所以，你为什么要嫌弃我？当我拒绝别人PUA我的时候，我对自己的认知更积极了，这就是界限带给我的。而我的自我认知反过来又帮助我设立一个非常好的界限，所以我会阻止别人对我有任何的暴力行为。我现在回想起来，觉得这个人挖苦人的能力很强，他会用各种方法来贬损别人的自我价值。遇到这样的人时，界限会帮助我们，也会保护我们。

再次，界限可以让人感知愉悦和快乐。

每个人都只有在安全的环境中才能感受到美好。从来没有一个人可以在很危险的地方感受到美好。你可能会举出反例，比如去蹦极，你可能觉得很好玩，但这其实是因为你知道一切设施装备是安全的，你不会有危险。假如一个人身处未知的恐惧当中，他是没有办法感知愉悦的。只有在温暖安全的环境中，人才会放松和享受。

前面我把界限比作房子的大门。如果你的家没有入户门，你敢在里面只穿睡衣吗？敢泡在浴缸里喝杯小酒吗？肯定不敢。甚至你会连衣服都不敢脱，觉也不敢睡。如果你跟一个人出去约会，你很喜欢他，但是他对你非常没有界限，你不知道下一秒他会说什么、做什么来伤害你，那么你无论怎么喜欢这个人，你也没有办法感知到愉悦。这里说的愉悦是真正的快乐，而不是那种病态的快乐。有的人在恋爱中会觉得只要跟这个人在一起，给他舔皮鞋都可以，这是病态的快乐。真正健康的关系、健康的愉悦感不会这样。

无论是与别人相处，还是独处，如果我们知道自己能够立界限，而且能够守住界限，也知道自己的界限能够被别人尊重，我们就可以很放松，并且感到身心愉悦。

最后，界限可以带给我们力量。

如果你总是吸引"渣男"，或者总是招来没有界限感的朋友，那很大程度是因为你在无意中允许他人这样来对待你。你可能会很痛苦地问：为什么每一个男朋友都要用我的钱？为什么他们都会来找我借钱？为什么他们最后都会讽刺我，都会肆无忌惮地对我进行人身攻击？最终，你会发现，因为这一切都是因为无界限所致。

一个有界限感的人，他会在最开始跟他人交往的时候，就告知对方：哪些事情可以对我做，哪些事情不可以对我做。而一个没有界限感的人，可能会讨好别人，因为没有界限会令人感到失控，而讨好是一种控制的手段——当我讨好你的时候，我是在控制你对我的印象，当我能控制你，让你喜欢我，我就获得了安全感。这种想要获取控制感的欲望也会导致完美主义——为了控制别人对我的印象，我要成为更优秀的人。很多人尽管已经很优秀了，却还要追求更优秀，没完没了。最后他会发现不管多优秀都觉得自己不够优秀，所以非常无力。这也是为什么没有界限感的人一般都非常焦虑。

我有一个团体辅导课是针对焦虑人群的，每期都会满员，有的时候一个月要开几期，因为真的有好多人焦虑。我慢慢发现，虽然每个人焦虑的事情、焦虑的原因，以及他们自身的背景都不太一样，但是他们仍然有很多共性，其中一个就是他们都缺乏信心和力量。其中，有的人很凶悍，好像是披着盔甲来的，给人一种刀枪不入的感觉。他认为他的界限就是：我说不行就不行，没有任何商量的余地。因此，他觉得自己是一个非常有界限的人，但其实那不是我们所说的健康的界限，后文我会展开讲健康的界限是什么样的。

其实，那些参加团体辅导班的人都非常优秀，都是自己领域的精英，非常成功。大家可能会疑惑，那他们为什么还焦虑呢？

这是因为，当我们没有界限的时候，我们便没有力量。在这样的情况下，一个人越优秀，他就越觉得无能为力，也就越想要控制——控制别人是不是喜欢他，控制所有人对他的评价。可是，我们越界去控制别人的时候是很可怕的，因为我们根本无法掌控别人。一个人今天喜欢你，明天就不喜欢你了。今天这人觉得你是最好的，明天看到一个更好的，就觉得你不是最好的。这都会令人感到非常无力。

如果一个人能够有意识地引导别人按照他想要的方式来对待他自己，并拒绝别人用他不喜欢的方式来和自己交往，主动权就掌握在他自己的手中了，他对这段关系也就更加有把握、更加自信。

健康的界限是怎样的?

界限分为三种:硬界限,软界限,以及我们着重要讲的健康的界限。

什么是硬界限?简单来说,采用这种界限模式的人会避免和人有太过亲密的关系。你会发现他们平时就不怎么去参加同事的饭局,而是自己做自己的事情。他们有可能在自己的本职工作上十分出色,但不会跟你有太多交往。他们做事的风格是"丁是丁,卯是卯"。我们在电视剧里经常看到的霸道总裁就是这种类型——不和任何人亲近,总摆出一副"生人勿近"的样子,但是业务能力非常强。

对这类人,我们会认为他们的界限感好像很强。任何试图侵犯其界限的人、事、物,他们都能够挡回去。他们不太愿意寻求帮助,甚至避免建立亲密关系。所以,这种"人设"放在电视剧里就有很多发挥空间,剧中往往都有一个温柔、美丽、可爱、单纯的女主人公,霸道总裁不要她的帮助,可她非要去帮助他。如果你常看韩剧,你可能会发现韩剧中的这类角色总会有一个跟班式的密友,不过这种情况也只出现在剧中。现实生活当中,这类人一般不太吐露自己的真实情况,也很难有亲密的朋友。他们的个人信息保护意识非常强,会把自己严严实实地包起来、藏起来。

我曾经认识一个朋友,他是个天才,二十来岁就读完了博士,但是他很难和别人建立亲密关系。我们认识他大概有十年之久,但都没有人知道他是否恋爱、结婚了,对他的个人情况几乎不了解。我们只知道他在哪里工作、开什么车,他把个人信息保护得非常严密,与他在一起的时候,他总是听我们说、自己却不怎么讲话。

这类人在恋爱关系当中一般会与伴侣非常疏离,甚至在更亲密的婚姻关系中,也会让配偶产生一种"与对方好像总隔了一层纱"的感觉。还有,这类人可能好胜心特别强,为了避免被拒绝,他们会选择先下手为强,拒人于千里之外。

如果你身边有这样的人,他对别人的请求可以非常斩钉截铁地拒绝,让人感觉他好像很有边界感似的,请注意,这其实不是健康界限的榜样。因为拥有健康界限的人是能够在考虑自己的需要的同时,也考虑他人的需要。当他愿意帮助别人的时候,是可以协调也愿意妥协的。采用硬界限模式的人,在关系中却不可能这样有"弹性"。

与硬界限相对的另外一种界限是软界限。所谓软界限,就是我们经常说的没有界限。相比有软界限的人,我们更容易认为有硬界限的人是有界限的。但事实上,软界限和硬界限都是不健康的界限。

有软界限的人容易过度分享私人信息。这类情况常发生在初高中生当中。他们可能会和一个人见了两面,就把对方当成自己最好的朋友,什么都可以跟他说,钱也可以给他用,东西也可以给他买。

有软界限的人时常会被过多地卷入别人的问题里。比如,你的朋友A和B吵架了,不关你的事,但最后你也被卷了进去。A对你不高兴,B也对你不高兴,让你"两面不是人"。原本你不过是想要协调、帮助这两个朋友,结果却把自己搞得很尴尬。

又比如,你父母吵架时总是要你回去调解他们之间的事情。谭青就常常碰到这种情况,她父母只要一吵架就给她打电话,平时她很怕接到她父母电话。因为每当接到他们的电话,就意味着他们很有可能又吵架了,需要她回去主持公道。对此她很无奈,虽然知道不关她的事,可最后还是成了她的事。这就是软界限的表现。

有软界限的人非常依赖别人的意见和看法,因为他们自己心里没有定数,任何人只要说一句话,就会影响他们的选择。

有软界限的人会允许别人不尊重自己,甚至侮辱自己。有时候我看到一些案例会很疑惑:到底是什么力量能让一些人忍耐,并继续留在这样糟糕的关系中?我觉得没有任何力量能让我允许一个人这样对我,爱情也不能。但这种情况往往会发生在有软界限的人身上。

有硬界限的人绝对不允许别人对他有任何一丝的不尊重或侮辱,哪怕你开个玩笑也不行。有软界限的人却处于另一个极端,不仅容忍别人的不尊重和侮辱,甚至还会替别人的错误行为找借口。

有一次我约一群朋友一起吃饭,其中一个朋友穿了一件不合身的衣服,另外两个朋友就一直批评她的审美能力,并批评她舍不得花钱买适合自己的衣服。我听久了都觉得心烦,人家又没花她们的钱买衣服,哪里轮得到她们一直这样评头论足?但是万万没想到,这位朋友却替那两个人辩护,说她们其实是因为爱自己、真心把自己当好朋友、替自己操心,才会这样批评她。所以,当她们终于停止批评她时,她又主动请她们喝奶茶来讨好她们。

有软界限的人害怕自己如果不顺着他人,就会被拒绝,所以很多时候他不敢说"不"。如果你发现你有"拒绝困难症",很有可能你设立的界限就是软界限。

硬界限和软界限都不是我们提倡的健康的界限。

拥有健康界限的人，会尊重自己的感受，对事情有自己的态度和看法。同时，他也要求别人尊重自己的意见和看法，不会委曲求全。如果他想开口说话，而你不仅不让他说，还说"走开，你懂什么"，他不会允许你这样做。

社会上有些现象说明我们整体缺乏健康的界限意识。比如，当我们赞扬一个女人的时候，我们会称赞她的委曲求全，好像委曲求全是一种美好的品格。我不认为"委曲求全"是一个褒义词。一般来说，有硬界限的人会咄咄逼人，有软界限的人会委曲求全。而在一段有着健康界限的关系中，我们既不会委曲求全，也不会咄咄逼人。

拥有健康界限的人会很适当地分享个人信息。请你看一下下面这张图片。

图片来源：freepik网站

图中这个房子，它有好几道边界：陌生人只能站在草坪外，稍微熟一些的邻居可以进入草坪，朋友可以进到客厅，亲人可以进入厨房，爱人、孩子和闺密可以进到卧室。

这个房子就像我们的生活，我们对不同关系的人，能够敞开的部分应当是不一样的。但有软界限的人会把那些应该站在草坪或院子门口的客人直接请到卧室，这就叫"过度分享私人信息"。有硬界限的人的行为常常是明明可以请客人到客厅来坐坐，但他会站在草坪中跟客人打招呼，甚至隔着一条街跟客人说话。

拥有健康界限的人，他能够判断双方的关系到了什么地步，会根据亲密程度随时做出调整，比如我可以先邀请你到客厅，然后到厨房……随着关系的增进，敞开度也会增加。

拥有健康界限的人知道自己需要什么，并且能够表达出来。比如，和朋友相聚的时候，大家都在说自己的，没有人在听我说什么，这时，我能够清晰地知道现在我需要大家听我说话，那么我就可以把它表达出来，让大家听我说。

有一次，我跟我先生回公公婆婆家，我们吃饭的时候聊到洗碗机的事，公婆就说我不应该买洗碗机，还带有一点嘲讽的口气。我先生跟着他们一起笑我。我当时就看着他说："可是你在用洗碗机的时候，不是现在这样的态度，你为什么变成这样呢？"我表达了我的看法，他也很识趣，没有再接话。吃完饭后，我就把他拉到旁边，告诉他，如果以后他再这样跟他的家人一起嘲笑我，那么我就不再跟他回家了。因为当他那样做的时候，我感到非常不舒服。我让他清楚地知道,他不可以跟着他父母一起来嘲笑我。我也会清楚地告诉他,如果他下次再这样做,会有什么后果。

这就是健康的界限。

很多人会担心,这会不会让双方的关系变得紧张呢?其实,如果你们已经建立了健康的界限,这反而会让关系中的两个人都更自由——你们可以很自由地拒绝对方,同时,当对方拒绝你的时候,你也不会感到不自在。

就拿我们家来说,有的时候我说了什么话让我的先生觉得很不舒服,他会告诉我:"你以后不可以再这样说,如果你再这样说,我会立刻离开,因为我不想再跟你沟通了。"

我有一个习惯,在我和我先生快要吵起来的时候,我心里知道不能再说了,但是嘴巴常常停不下来。这时候我很喜欢翻白眼。我先生就会跟我说:"如果你再翻白眼,我立刻走人,我不喜欢你这样。"我并不会因此觉得不舒服,我会觉得他这么表达是对的,既然我的动作让他感到不舒服,我就要做一个选择:是要继续翻白眼,让他结束跟我的谈话;还是停止翻白眼,好继续和他沟通。

再比如我和朋友之间的关系,也是这样轻松。我约朋友出去玩,朋友说她今天太累了,想在家里休息。这时候她不会找一个借口拒绝我,而是可以直接表达"我今天太累了,不想出门"。我听了也不会生气,我们还可以继续做朋友。这样的关系是不是很自在、很健康、很自然?

然而,我们中的大部分人从小就没有经历过这种关系模式,我们不知道有健康界限的关系是什么样的,也不知道这样立界限是对还是错,所以很多时候我们会误以为立界限的人都是些"狠角色"。

有一个案例可以帮助你更清楚地了解,健康的界限会对关系产生什么样的影响。有一个人,他父亲在他很小的时候因车祸去世,母亲独自把他拉扯大。正因为这样,这位母亲的控制欲非常强,常常骂她的孩子。而这个孩子因为父亲出车祸受了刺激,不愿意好好学习,所以经常被母亲打骂。

他一方面看到母亲的辛苦,很心疼她,另一方面心里又非常恨母亲。因为母亲经常说"你这个没用的东西,以后去餐厅做服务员"之类的话,所以长大以后,他做的每一件事都是为了向他母亲证明"我可以",想要推翻母亲对他的评价。与此同时,他又非常叛逆,因为他母亲经常刺伤他,所以他也像一只刺猬一样去刺伤他的母亲。

这里说一句题外话:如果你有孩子,在孩子还小、没有反抗能力的时候,你一定不要动不动就打他。你觉得孩子会忘记,其实他不会。你现在怎么对待他,长大以后他就会怎么对待你。上述那个案例里的孩子就是如此。他很叛逆,经常跟他母亲激烈争吵。后来,他有一个机会接触到界限的概念,他发现自己需要跟母亲立界限。

此后,当他做错事时,他的母亲会条件反射般地开口讽刺他,他就回应说:"你现在说的这些话对我一点帮助都没有,所以我不想听。如果你要继续说,我就挂电话了。"当然,他的母亲根本不信,她还继续说,于是他就把电话挂掉。第二次打电话时又是这样。几次以后,当他再次表明他不要听的时候,他母亲会先把电话挂掉,因为她想在被拒绝之前先下手为强。渐渐地,他母亲习惯了,就不再这样做,而是学会了停下来,不再说刺痛儿子的话。

这个案例的主人公做了一件很重要的事情,就是设立健康的界限来保护他自己。当他做错了什么事或者遭遇失败的时候,如果母亲要讽刺他,他可以很好地保护自己,不受她的攻击。

猜猜看,这对母子的关系是因此变得更疏远了还是更亲密了呢?

健康的界限,让我们更安全

看完上面的案例,我们可以总结一下,拥有健康界限的关系会带来哪些好处。

首先,在拥有健康界限的关系中,我们的身体是安全的。

比如,在婚姻关系中,我们知道自己是不会轻易被家暴的;在亲子关系中,孩子知道自己的身体是不会被随意侵犯的,这里的侵犯包括父母动手打他,也包括性方面的侵犯。

其次,在拥有健康界限的关系中,我们在语言上也是安全的。

有很多父母经常不好好说话,孩子做什么轻则瞧不起,重则辱骂。夫妻之间也不好好讲话,总是彼此讽刺、讥笑。在有健康界限的关系中,双方会知道自己在语言上是安全的,不会遇到语言暴力。比如我和我先生,不管多么生气、吵架吵得多厉害,我们都知道我们的身体和语言是安全的。我知道他不会用侮辱性的语言骂我,我也不会用侮辱性的语言骂他。我们可能会提高声音,可能会在某个事情上争论得很激烈，可能会觉得跟对方无法沟通，但是我绝对不会说："你这个白痴，我没有办法跟你沟通！"这就是一种侮辱性的语言。我可以说："我没有办法跟你沟通，我怎么说你都听不懂！"但是如果加了一句"你是猪吗"，这样的语言就是暴力语言，会让人感到不安全。

再次，在拥有健康界限的关系中，我们在精神上也是安全的。

这些年我观察到，有些家庭虽然经济富裕起来了，日子看似越过越好，但存在很严重的精神虐待。父母可能把孩子的身体照顾得很好，给他吃最好的，带他上各种补习班，但会在精神上虐待孩子。我曾经认识一个非常有钱的人，她是个掌控欲极强的母亲，但是她不觉得自己有问题，反而把自己所有的情绪问题投射到她孩子身上，凡事都必须盯着孩子，还经常指责因为孩子太不听话才让自己脾气暴躁。这导致她的孩子年龄虽还不大，但已经整天在想方设法逃避她。按照我多年辅导青少年的经验，这样下去后果会很严重。

有一次我家老二在午睡的时候偷偷爬起来吃巧克力，结果把床单弄得到处都是巧克力污渍，我发现后勃然大怒。但我告诉他："你需要为自己的行为负责，但不需要为妈妈的愤怒负责。"什么意思？也就是说，他偷吃巧克力这件事情，是他需要负的责任，所以他需要去把床单换下来放进洗衣机里，并重新换上新的床单。我的愤怒是因为当我看到脏乱的床单和偷吃巧克力的孩子时，我觉得他通过欺瞒胜过了我，我的安全感和控制感被破坏了，而这些情绪，我不能要求他来负责，而是需要我自己来处理。

另外，在拥有健康界限的关系中，我们的隐私能够得到尊重。

每年回老家过年的时候,你有没有被问过这些问题:你住的房子多少钱?车多少钱?现在工资多少?有没有对象?什么时候结婚?什么时候生孩子?这些都是非常隐私、破坏界限的问题。特别是生孩子的问题,有些八竿子打不着的亲戚都会问"生孩子了没?怎么还不生呢?",其实这跟他们根本没有关系。

在有健康界限的关系中,我们的隐私是能够被尊重的,因为我们能够理直气壮地拒绝回答这些越界的问题。比如,如果被人问到什么时候结婚,有健康界限的人会说:"这是我的私事,我不想讨论。"如果对方继续追问,他便可起身离开,结束这场对话。

再比如,有时候关系要好的朋友会拐弯抹角打听你们家的家底,你每年挣多少钱,你不想说得很清楚,她就会说"咱俩什么关系,你怎么连这个都不愿意说,害怕我惦记你家的钱吗",让你很尴尬。我有一个老朋友群,相互认识20多年了,其中有一个人曾经有过一个女朋友,后来分手了,然后就再也没有下文。有一次我们在一起吃饭,另一个朋友问他,你现在到底有没有女朋友啊?他说:"还没有啊,但是我现在不是很想谈这个话题。"大家就立刻转移了话题,并愉快地度过了剩下的相聚时光。这就是一种有界限的亲密关系。

再者,在拥有健康界限的关系中,对方会听你说话。

十年前发生过一件事情,至今我仍记忆犹新。我有一个朋友,她那时谈了一个男朋友,两人见了五六次,彼此有好感,处于快要确立关系但还没确立的阶段。有一次,这个男孩子给她打电话,正好她要收拾东西下班回家。她告诉对方,自己目前没办法继续和他通电话，因为肚子有点不舒服，准备下班回家。但是对方还是继续讲话。于是我的朋友又跟他讲了一会儿，然后说自己要挂电话，准备回家了，可是对方还是不放她走。就这样来来回回几次以后，我的朋友愤怒了。她告诉我，就从那次开始，她的心里就有了积怨。但是她并没有和对方沟通，他们俩也都不会立界限。后来，诸如此类的事情又发生了好几次，最后他们俩没能在一起。

在生活中，我们还会看到这样的事：你们全家正在吃饭，婆婆打来电话，你丈夫就说"妈，不好意思，我准备吃饭了，现在不能和你打电话了"。但婆婆没有停下来，还是继续讲，结果这通电话半个小时还没结束。

你是否也碰到过这样的情况？你说"请不要再说了"，可是对方会继续说；你转身走开，他还会紧随其后，一直追着你说。这就说明你们的关系中，还没有建立健康的界限。在有健康界限的关系中，当你说"对不起，我不想说这个事情"时，对方能听进去，并且会这样回应"好的，不好意思"。

最后，在拥有健康界限的关系中，我们会感到自己被欣赏、有价值，我们的需要也能够被满足。

只有当你的界限被尊重时，你才知道这个人之所以喜欢你，并不是因为他可以占你便宜，可以PUA你，可以无限地从你这里获得利己的满足，而是因为他尊重和欣赏你，他宁愿接受你设立的界限所带来的"不便"（无法随心所欲、为所欲为），也要保持和你的关系，这说明他是真的珍惜你这个人。

举个例子，在一段没有界限的婚姻中，丈夫有可能在任何暴怒的时候殴打妻子，这位被家暴的妻子会在婚姻中感到被欣赏、感到满足吗？肯定不会。但在一段有界限的婚姻中，丈夫无论多么愤怒，都清楚地知道自己无权伤害妻子，他可能气得把自己的手都掐出血了，也不会把拳头抡到妻子的身上，在这样的婚姻中妻子对安全的需要基本能够得到满足。

同时，在有界限的关系中，对方绝对不会讽刺你，你也知道你不会被对方嫉妒，而是会得到真诚的赞美，并且对方也不要求你是完美的。当你说"不"的时候，对方能接受并且尊重你，而不是和你讨价还价，后者是非常没有界限的。你不会因此就面对一张冷脸，从此你们就各走各路，你也不会因为立界限而遭遇报复。

比如，如果我和我的老板之间有健康的界限，我和老板讲了某些话，他不会因此在工作中陷害我。再比如，如果我们夫妻之间有健康的界限，我和我先生提了某个要求，他不会刁难我，让我的日子难过。

如果你觉得立界限太难了，害怕因为立界限而在关系中受到伤害，请相信我，没有界限的关系才是最恐怖、最令人受伤的。如果你不只是想要一段关系，还希望能够安全地享受这段关系，那么界限一定是这份安全感的保护伞。立界限的确不容易，然而一旦学会，你会发现原来生活可以如此自由，不被束缚，不被道德绑架，不被情绪勒索，你可以按照本心本性主导属于自己的生活。想一想那样的生活，难道不值得我们付出努力去获得吗？

第十二章 这样立界限,关系不受伤

看完前面两章，你一定很期待建立有健康界限的关系吧！那么，我们该如何建立健康的界限呢？在设立界限的时候，难免会遇到一些障碍，又该如何去清除呢？这一章我们就来聊一聊：如何立界限，关系不受伤。

想要快速理清界限，先问自己两个问题

想要快速理清界限，你只需要问自己两个问题：
第一，这件事是否关你的事？
第二，这件事是否关我的事？
如果这不关你的事，那么就请你走开，这是我的事情——我要学什么专业，要找什么工作，我要不要换工作，不关你的事。除非我请教你，否则你不可以对我指手画脚。
同理，如果一件事不关我的事，我也不会随意干涉。

举个例子,你看到邻居家门没关,房间里凌乱不堪,孩子在玩,一看这家人就不太喜欢收拾房间。这时候你会不会进去说"这个衣服放在这里这么久都没叠,我来帮你收拾一下"?不会的。为什么?因为这不关你的事,因此,这就不是你界限范围内的事。

你可以把你自己的家打理成你喜欢的样子,至于别人家打理成什么样子,那不关你的事。同理,别人的孩子再怎么无理取闹,我们都不会跑去管教他,因为那不是我们的事,不在我们的责任范围内。

除此之外,界限也是清楚地告诉别人和自己:什么可以做,什么不可以做。因此你要做一个有边界感的人,就要认真思考:别人对你做什么是可以的,做什么是不可以的。

例如,你可以对我生气,但是不可以动手打我,这就是你对别人立的界限。

同样,你也要想清楚,我自己做什么是可以的,做什么是不可以的。

例如,我可以对我的孩子生气,但是我不可以说侮辱他的话,也不可以打他,这是你对自己立的界限。

所以,在任何一种关系中,我们都要搞清楚自己要什么,才知道自己要立什么样的界限。

你可能会问:那是不是我想怎么立界限就怎么立呢?

理论上来说是这样,立界限的本质是你选择接受什么、不接受什么,既然是你的选择,当然是你自己说了算。但实际上,别忘了我们在做选择的时候,也要承担每个选择的结果。

我这几年一直在中国一些大学的管理学院讲关于界限的课。课间休息的时候，有学员问我："现在公司里盛行陪酒文化，陪酒成了必须做的事情。如果我不陪，升职就轮不到我。这种情况下，我该怎么立界限？"

我当时就告诉他："这其实是你要做出的选择。你想好了自己要什么，界限自然就清晰了。如果你想多花时间陪伴家人，你想要一个健康的身体，那你就可以根据这个选择去立界限：我不喝酒，也不陪酒，但工作上的事情我会做好。当然，你在升职、加薪方面可能比那些选择陪酒的同事慢一点，但是你得到的是更和谐的家庭关系，你有更多的时间陪孩子，你的孩子从小不会缺少父亲的陪伴。或者你选择快速升到某个职位，那你也需要根据这个选择来立界限。因为要快速升职，所以你要陪酒，要加班到很晚，但是你的职位和薪水一定要与你做的这些相匹配，也就是说，如果你做了这些，你的职位和薪水却没有按照预期得到提升，你就要慎重考虑了。这也是一种界限。"

在上界限课的时候，常常有同学觉得，在当下文化背景下要立界限是很难的。如果你有边界感，你就可能得罪人，或者让别人觉得你很奇怪，或者失去一些机会，等等。但其实难的并不是立界限，只是你需要做出选择，并承担这个选择的结果。如果你认为做出某些选择太难了，要付出很大的代价，而你只想让自己的生活轻松一点，那么你可能想要一个当下比较轻松的选项，你的界限就会因此而生。或者，你的选择会让你根本就没有界限。但如果你选择改变这种没有界限的模式，不管多困难、付出多少代价都要改变，你立出来的界限又会不一样。

所以，这其实是一个选择的难题，而不是设立界限的难题。

确立关系中的边界，离不开这些原则

依依上了我的课后，决定跟她的妈妈立界限。她告诉妈妈，以后上班时间不要一直不停地给她打电话，这样很打扰她工作，而且也不要因为找不到她就去打扰她的先生。她的妈妈听到这些话后感到非常受伤，哀哀戚戚地挂了电话。

第二天早上依依醒来，发现手机接到上百条短信，都是从大姨小姨、大舅二舅、舅妈、舅公、外公、外婆等妈妈那边的亲戚发来的，一条条短信都在劝她，说来说去就是那几句话："你的妈妈是为你好。""你的妈妈是爱你的。""你的妈妈只是关心你。""妈妈可能方法不对，但是你要理解她的爱。"……

最后，大家都要求她给妈妈道歉，因为她立的界限让妈妈伤心了。

听起来是不是很熟悉？当你试着要跟别人立界限的时候，你会发现，有的人会以形形色色、奇奇怪怪的理由来告诉你为什么你不应该立界限。或者，他没有直接反对你，但他会用行为来试图推倒你的界限，让你没有办法立界限，甚至让你产生罪恶感，认为这样做是你的错，你没有权利跟他立界限。比如，父母可能会让你觉得，立界限就是不孝、矫情、不懂事等等。

刚开始尝试立界限时，你会很容易被这些感觉和别人带给你的压力影响。

与此同时，刚开始尝试立界限时，有时我们会把握不好分寸。有些界限其实是不应该立的，或者别人并没有越界，但是我们有可能会过度反应，认为需要立界限；另外，我们也容易在该立界限的时候没有察觉。

因此我们需要一些原则，让它像一盏明灯一样来照亮我们。我们需要把我们在关系中遇到的问题放在原则之下，想一想是否需要立界限。原则非常重要，它是我们在整理关系边界时的"定海神针"。有了原则，我们就会像一艘船有了锚，不管外面多么风雨飘摇，只要锚定在那里，船就能平平安安地停靠在港湾。

"种什么，收什么"

"种什么，收什么"这句话人人皆知，但未必人人都懂。它的意思就是人要承担自己行为的后果。比如，有一个孩子，他一直大手大脚，三十多岁了还是这样。每次还不起钱了、吃不上饭了，他就去找父母。父母心疼他，不想让自己的孩子没有饭吃，所以每次都帮他。最后他们发现，不管孩子怎么赌咒发誓说自己下次绝对不再大手大脚都没有用。故事还是在一遍一遍地重演。

我认识的一个人赌博到一个地步，还不了债，父母就帮他还债，然后把他关在房间里。他母亲一直哭，以自杀来威胁他，让他不要再赌了。可是收效甚微，他还是会偷偷去赌。后来他父母实在受不了了，已经神经衰弱了，就来问我该怎么办。我就告诉他们，他们并没有让孩子去承担他行为的结果，所以孩子并不会觉得这是他的问题。他去赌博，欠下的赌债变成了父母的债，他没有承担后果，后果都落在父母身上，所以他并不着急，而父母却很着急。这就是没有立界限的结果。

父母往往心疼孩子、舍不得，于是就替他承担。可是，孩子种下的"因"，却由父母收那个"果"，这是错误的。你是愿意现在让他吃点苦，以后知道什么事绝对不能做，还是现在替他承担，以后却让他吃大苦头呢？所以，从孩子小时候起我们就要教他们明白"种什么、收什么"的原则，教他们承担自己行为的后果。

比如，孩子如果打游戏，不做作业，那么你一定不要天天问他"你做作业了没有"，然后要求他赶紧做作业，甚至拿着打人的尺子坐他旁边。如果是这样，那么他做不做作业就变成了你的问题了，对不对？你要让他了解和承担他行为的后果。如果他不做作业，父母在收到老师的批评短信时，要请老师直接批评学生，并让学生明白不交作业的后果，因为做作业是孩子的事情，他需要自己承担后果。只有承担了后果，他才知道下一次他要种什么"因"。

有一个妈妈跟我说，她的孩子上学总是忘记带作业。每一次孩子上学之后，她都要去给孩子送作业本或者是送书，反正总有什么落在家里，需要她去送。为了让他不落下东西，这个妈妈只好每天帮他收拾书包，还要帮着再检查一遍。这很明显也是越界的。

"我对你负责,但是不为你负责"

健康的关系是"我对你负责",但这个责任会有一个限度,即"我不会为你负责"。

举个例子,假设你的太太是一个很没有安全感的人,她对你很不信任。丈夫对太太是有责任,要帮助她建立对婚姻的安全感,所以这种情况下,你应当特别注意,不要在外面跟其他的女性有暧昧行为。比如,不要随便让异性同事坐你的车,更不要让她坐副驾驶位。如果你的太太在这方面非常介意,那么你就不可以让别人坐。这是"我对你负责"的意思。

那什么叫"我不会为你负责"呢?还是拿太太没有安全感的例子来说。假设你从来没有收到任何异性发的暧昧短信,太太可以随时看你手机上的内容,你每天按时下班回家,把太太照顾得非常好,跟她一起做家务、一起带孩子……总之,没有任何引起太太疑心的地方,让她觉得你不值得信任。可是,你的太太出于一些个人原因,比如原生家庭、成长背景的影响等,就是对婚姻很没有安全感。无论你怎么做,她就是对你没有安全感。那么,这就不是你的问题了。

如果此时你一定要想方设法给妻子安全感,一定要做到让妻子满意为止,这就是越界了。

"我要求你尊重我,我也会尊重你"

赵彤自认为是一个非常有界限感的人,从来不怕别人提反对意见,也不怕拒绝别人。事实上,她常常拒绝别人的要求,并以此为傲。她的同事、家人、朋友,甚至孩子,都从来不敢对她越界,因为他们知道,一旦越界,便会被毫不留情地拒绝。

然而,这位女士却不懂得尊重别人的界限。她对孩子有极强的控制欲,常常闯进女儿的房间,偷看她写的日记。她也无法接受任何人对她立界限。有一次,她请一个同事帮她完成一项紧急工作,恰巧同事当时手头比较忙,于是表示拒绝,她后来就对这个同事产生了怨恨,在工作中处处为难对方。

有些人看起来很有界限,拒绝人的时候很坚决,任何越过他界限的行为他都可以阻止。但是,某个人到底是不是有界限,还要看他是不是能够接受别人以同样的方式来对待他。比如,别人请他帮忙,他回答:"对不起,我现在没有时间,我不能帮你。"那么,下次他请别人帮忙的时候,能不能接受对方说"对不起,我很忙,没有时间,我不能帮你"?

反过来,有人可以无止境地去帮助别人,但是他从不接受别人对他的帮助。这也是一个双重标准的表现——他觉得接受别人的帮助是一件很羞耻的事,但他帮别人的时候却没有问题,不会认为这是别人软弱的表现。这样的人,也没弄清楚真正的界限是什么。

彼此尊重,意味着我们设立的界限不是一个双重标准——这样要求别人的同时，我也会这样要求我自己。

区分"我伤害你"与"你受伤了"

"伤害"和"受伤"，这两个词很难分清，概念上容易混淆。"伤害"是一个主动词，我的言语行为伤害了你。"受伤"是一个被动词，因你的言语行为我受伤了。

很多人觉得，如果我有边界感，我就会伤害别人或者伤害自己。因为我们对一个人提出界限时，对方也许会觉得很受伤害。但是，如果我们为着正确的目标、用正确的语言和方法去做一件正确的事情，而对方仍然觉得受到了伤害，这不是我们的错，而是对方的问题。因为有些人从来没有接受过界限，也不愿意接受界限，所以他会觉得不舒服，以前你都允许我这样对你，为什么现在不让我这样对你了？我很受伤。

实际上，不是你主动伤害了他，所以他受伤不是你的错，是他自己的问题，他需要成长与面对。

我妈妈和大部分中国父母一样，喜欢批评孩子，不喜欢夸奖孩子。她第一次走进我在美国的家，一边脱鞋，一边嘴里啧啧地说道："你看看你这个家，乱得像个狗窝一样！"全然不提我独自在美国打拼，没花家里一分钱，靠自己努力买下昂贵的学区房这回事。

对此我很不高兴。于是，我告诉她："我并没有请你来批评我的家，如果你实在看不到任何好的地方，那么请你不要说话。"我妈妈当时非常伤心,责怪我这个做女儿的竟然不准她说话。我非常认真地告诉她,我没有不允许她说话,我是不允许她随意用语言来攻击我,如果这个正常的要求让她伤心了,那么也许她应该想一想,为什么她会因我的正当要求而感到伤心。

主动行动,而非归咎于人

想要在关系中设立界限,我们需要主动行动,而不是等着对方意识到他应该有边界感。不要说"你看,他这个人一点边界感都没有""你看,他又越界了",这没有用。不要期待别人会突然有界限的意识,来解决已存在的问题。一般情况下,人不会突然改变,更没有兴趣为那些给我们造成不便的习惯负责。所以如果你一直喋喋不休地诉说对方怎样伤害了你,不要对他的改变抱太大希望。除非,你帮助这个人看到,他这样对你会给他自己造成麻烦。

我有一个学员,她每次和丈夫讨论一件事情,丈夫都会站到她的对立面,抨击她的想法,并提出和她相反的意见。她想要好好和丈夫沟通,于是告诉丈夫,他这样的做法让她很伤心,不想和他继续沟通下去。结果怎么样?丈夫说:"你太敏感了,我不过说了事实,你就这样上纲上线。好了好了,我以后不再说话了,好吧!"然后结束谈话。这个妻子就非常伤心,却又不知道该怎么办。上了我的界限课后,她明白了要让对方"种什么,收什么",便换了一种方式和丈夫沟通。

他们的对话变成了这样：

妻子："老公，你这样说话会很容易让我想找你吵架哦！"

丈夫："为什么，我只是说事实啊！"

妻子："也许你需要换一种说事实的方法，来阻止我找你吵架。"

丈夫："你这个人怎么这么敏感啊？动不动就上纲上线的！"

妻子："是啊，我就是这么敏感，所以你更要想一想，应该怎么说才不会让我上纲上线。"

丈夫："那你希望我怎么说？"

妻子一改之前要求丈夫改变说话态度来让她感觉好一些的方式，这次，她的每一句话都把问题丢回给丈夫，让他去想要怎么解决妻子找他吵架这个麻烦。

当妻子主动做出改变和调整，丈夫的回应就不一样了。

如果想拥有边界感清晰的关系，我们必须主动行动。那个要做选择、做决定、立界限、持守界限的行为发起人和行为执行人，应当是你，而不是别人！

三个步骤，学会建立健康的界限

理解了前面说的这些原则之后，我们就可以正式着手建立健康的界限了。

第一步，建立健康的自我认知

建立界限的第一步，是建立健康的自我认知。搞清楚自己喜欢什么、不喜欢什么，知道自己要什么、不要什么；知道别人对自己做的事感觉如何，是喜欢还是不喜欢；知道自己的需求是什么，自己对他人有哪些需求；等等。只有搞清楚这些问题的人才能和外界建立真实的连接，同时不失去自我。

然而很多人不是这样的，他们跟外界建立了连接后就失去了自我。举个例子，有的女孩子一谈恋爱就黏着男友，对他百依百顺，什么都愿意为他付出。这看上去似乎是很爱对方的表现，其实却是因为很多时候她对自己缺乏正确的认知。因为不知道自己要什么，所以男朋友要什么，她就要什么；因为不知道男朋友这样对她讲话，她的感觉到底如何，所以男朋友可以PUA她，可以辱骂她，可以对她施加暴力；她不知道自己的需要是什么，所以男朋友说什么就是什么。

因为没有健康的自我认知，所以关系当中没有界限。没有界限的关系是不健康的，最终只会毁掉关系，也毁掉关系中的人。

我经常会在辅导中问我的学员："你不喜欢什么？"学员很快就能回答我。但当我问"你要什么"的时候，很多学员往往会沉默很久才能够给出一个答案。

大部分的人都知道自己不想要什么。比如，这个人天天叫我给他买奶茶，但我不想买；我不希望他对我这么凶；我不希望他这么不尊重我；我不想每天被人指使。但是，单单知道自己不想要什么是不够的，你还要知道自己想要什么。所以立界限就变成了一件很令人害怕的事情，因为大部分人不知道自己想要什么。

前面我们提到，界限是一个选择，如果你不能做选择，那么你肯定不能立好界限。会做选择的意思就是你知道自己要什么。只有知道自己要什么，你才能根据自己所要的来设立你的界限。如果你想要身体健康、多陪家人，那么你的界限可能就是不加班、不应酬；而如果你想要快速升职加薪，那么你的界限就另当别论了。

怎样才能知道自己要什么呢？可以用排除法：在每一个"想要"的后面，放10个"但是……"，如果有了这10个"但是……"，这件事情还是你想要的，那么它就真的是你要的。比如，我想少加班，多陪家人，但是这样就会失去升职的机会，但是老板就会不高兴，但是同事会不高兴，但是工资就不够多，但是没法买学区房，但是无法支付孩子的钢琴课……如果在这些"但是……"后，你还是毅然决然地选择少加班，那么这就是你真正想要的。

此外，你要对自己的感受很敏锐，一旦觉得不舒服可以立刻停下来，想一想为什么我觉得好像不太对劲。这一点非常重要。另外，如果你说"我喜欢被温柔地对待"，那么请你先定义一下什么是温柔，因为每个人对温柔的定义不同。比如，对你先生来说，温柔地对待你可能就意味着他会给你做饭；而对你来说，温柔地对待你可能意味着对方生气的时候也不会骂人或者大吼。所以，不要用模糊的概念，而是要用更具体的语言来明确说出自己喜欢什么、不喜欢什么。

在一段关系中，我们需要告诉对方怎么对待我们。所以，要十分清楚自己的好恶，知道自己要什么、不要什么。

比如，你跟朋友约了一起看电影，他迟到了半个小时，并解释说是堵车了，你说没有关系。第二次你们又约了吃饭，他又因为什么事迟到了，你还是说没有关系，你都能理解。但是慢慢地，你会发现他总是迟到，这时候你可能会想：他总是迟到，可能他真的很忙，他的公司可能离这边很远。然而，对方为什么迟到是他的事情，你需要搞清楚的是自己要什么、不要什么。

如果你要的是对方能够准时出现在你的面前，而不要对方总是迟到、让你等他，那么，你就可以与他立界限。

又比如，你新加入一家公司，有同事找你帮忙买奶茶，但是不给你钱，让你很不舒服。这时你就需要知道自己想要什么、不想要什么。如果你说"我不想一直倒贴钱帮他买奶茶，我想要的是不再给他买奶茶"，那我就会追问："下一次他找你帮忙买饭可不可以？请你帮他买花行不行？请你去帮他接孩子行不行？"

这样你可能会发现，其实你不想要的不是某一件事，而是所有这一类事——对方请你帮忙，他却忽略了自己的责任，对你十分不尊重。

那么，你要的是什么？也许你要的是帮别人做了事以后，对方能够尊重你，把钱给你，对你表示感谢，而不是就这么算了。这样，下次再有人请你帮忙，不管是带奶茶，还是带饭，或者其他什么，你都很清楚，你要的是对方的尊重。

第二步，确立越界的后果

想清楚自己要什么之后，接下来第二步是要做一个很重要的决定：如果对方越界，你愿意做到什么程度？

要知道，当你立界限的时候，一定会有人想要越界。为什么？因为总有些人不喜欢你的界限。你没有界限对他来说是一件很好的事情。为什么很多没有界限的"老好人"会受到大家喜欢？并不是因为大家尊重这样的人，而是因为这样的人对他们来说太"方便"了，别人要他做什么，他就做什么。这样的人谁不喜欢呢？所以，我们要想清楚，如果我们立了界限，对方越界，我们就要做出选择。

比如，你的老板对你破口大骂，你愿不愿意辞职？如果你立好界限，他却不断冲破你的界限，你愿不愿意"撕破脸"？或是你愿意继续忍耐，往后可能会继续被他羞辱？

想好了你愿意做到什么程度，将决定你如何告知对方越界的后果。比如，如果丈夫对你语言暴力，不尊重你，你是打算立即和他干一架，还是想办法让他吃个苦头，还是直接把离婚协议书扔给他？这些都取决于你想要忍耐到什么程度。有界限的人永远都是掌握主动权的。

然而，怎么立界限却需要大智慧。你老公今天和你大吵一架，你就要和他离婚吗？老板因为误会把你骂了一顿，你就要辞职吗？朋友临时爽约，你就要拉黑他吗？答案是：不一定，看情况。如果你和你老公只因小事吵架，那么用离婚来要挟是不智慧的；但如果因你老公出轨之后不思悔改反而怪你不够温柔而吵架，那么离婚就变得合情合理了。如果老板在一个非常关键的项目中处于高度紧张状态，因为一个误会第一次骂了你，你辞职就显得有点玻璃心；但如果老板平时就很不尊重人，长期羞辱你，抢你的功劳，这次又当着众人的面把你大骂一顿，你辞职可能就是明智之举。如果朋友因他母亲生病而临时爽约，拉黑他就会显出你的任性；但如果他经常毫无原因地爽约，从不尊重你的时间，也不关心你的感受，平时对你也不真诚，那么拉黑他就很明智。你看，根据不同的情况，不同的关系，给出不同程度的后果，不同级别的界限，每一个级别对应的后果是不一样的。

举个例子，我有一个朋友Jason，他的儿子总是在做作业时偷偷玩电子游戏。他知道改掉这个习惯需要一个过程，而且电脑也是必要的学习工具，不可能彻底拿走，所以他知道儿子很容易就偷玩。于是他立了一个逐级的界限：如果儿子一时没控制住，做作业时偷玩了游戏，那么要在24小时之内主动告诉他，这时的后果是较轻的；如果隐瞒不说，24小时以后被他发现了，那么后果就严重一些；如果儿子不是偶尔一次，而是经常偷玩游戏，那么后果会更严重。他给他儿子偷玩电子游戏的行为立了界限，而且是不同层级的界限。

逐级设定界限的好处是给对方留有改正和进步的余地，让对方在失败的时候，仍然能够被赋能，通过他自己的努力去修正之前的错误。它适用于生活的任何场景。

再举一个例子。Lucy的妈妈总是喜欢在她工作时打电话给她，如果Lucy因为开会或工作忙没接电话，她妈妈就会一直打，直到她接通为止。Lucy可以给她妈妈设定这样一个逐级的界限：如果不是非常紧急的事情，请你不要在我上班时不停地给我打电话；如果你打来一次，我没接，你就不要再打了，下班后我给你回电话；如果你不停地打来电话，那么我不但不会接电话，而且下班后也不会给你回电话。

最后需注意的是，根据不同的情境、不同的对象，我们建立界限的方式也要有所调整。

有人问我，她的孩子总是打游戏，不做作业，要怎么跟孩子立界限。这类问题我一般无法直接回答。因为你怎么跟他立界限，要根据具体情况来判断。如果你的界限一直设立得很好，孩子是很有边界感的人，那么你可以让孩子自主选择是先做作业，还是先打20分钟游戏，但是无论如何在晚上9点前他必须把作业做完，否则第二天20分钟的游戏时间将会减为10分钟。

记住，孩子越有界限意识，就越能够对自己负责，也越能有自控力。如果你们家之前的边界感很糟糕，孩子很少接触界限这个东西，那么这一套就行不通。你在开始的时候，需要把界限拉紧。比如直接告诉孩子：你回家先做完作业，就可以打20分钟游戏，但是记住，一定要先做完作业。如果没做完作业就打游戏，下一次我会帮你保管游戏机，直到你把作业做完。所以在不同的情境中，我们建立的界限也是不一样的。

另外，立界限的对象不同，界限也会不同。比如，一个朋友住在你们家，你会跟她说："我洗澡的时候你不可以进入卫生间。"但如果是你的丈夫，那可能就无所谓了。如果是你的孩子呢？如果孩子年龄还很小，他可能不但要进入卫生间，还要进到你洗澡的淋浴间。你跟父母、跟孩子划定的界限，不可能跟丈夫的一样。

关系的进展和界限的退后应当是循序渐进的。如果一个人能够遵守我的第一层界限，我就会放松。这意味着我们之间的关系拉近了。但是当我发现他不能遵守下一层界限的时候，我就要设置一个更严的界限来确定这个人不会越界。一层一层的界限之间是有递进关系的。

举个例子，假设你们和公婆住在一起，你告诉婆婆，平时不要随便进你们的卧室。如果你的婆婆每次都尊重你的要求，未经允许从来不进入你的房间，那么你可能渐渐地就不关卧室的门了，因为你在和婆婆的这个关系中更加放松了。相反，如果你的婆婆对你的要求听若未闻，经常不管不顾进入你们的房间，那么你更有可能怎么做呢？可能每天出门前不但会关上卧室门，还会锁上门。也就是说，我们会根据对方遵守界限的情况调整我们的界限。

第三步，温柔而坚定地沟通

立界限绝对不是让我们很凶，好像要跟谁争个鱼死网破，那是我们之前讲过的硬界限，不是健康的界限。立界限的目的不是要让关系破裂，而是要让关系更加亲近，让彼此成为更好的人。很可惜，大部分没有界限概念的人都不明白这一点。

所以，在立界限之前，我们一定要事先跟对方沟通，为什么要跟你立界限。我不是为了要跟你疏远，是为了跟你有更好的关系。

沟通的时候要注意沟通方式。有三种沟通方式：被动型沟通、攻击型沟通、坚定型沟通。哪一种方式更合适呢？

被动型沟通是指，一个人总把他人的感受、需要和想法放在首位，哪怕自己会付出很大的代价，他一般不会表达自己的需要，也不会为自己站出来说话。我们身边总有这样的人，他们很容易被人有意或者无意地占便宜。记不记得前面做过的测试？如果同事总是找你代买奶茶，而且还总不给你钱，而你却不好意思去要，那你就属于被动型沟通的人。

被动型沟通的人说话声音一般都比较小，说话时也不太敢看人家的眼睛。他允许别人占自己的便宜，或者说，他其实感觉到别人在占自己便宜，但是他不敢理直气壮地表达自己的需要和想法。

在婚姻里有很多被动型沟通的例子。比如，明明做妻子的觉得很委屈、很愤怒，但是她就是不能理直气壮地把它表达出来，而只是隐忍。所以我听到有些人会这样说："他妻子的脾气好得不得了。"大家会对这样的妻子交口称赞，但是我有一个疑问：这个好脾气，究竟是真的脾气好，还是只是因为自己属于被动型沟通的人，不太敢表达，而一味隐忍而已。

被动型沟通的人往往缺乏自信，哪怕他其实已经很优秀了。在接受我辅导的人中，我见过很多非常优秀、在自己所在领域做到极致的精英，但他们仍缺乏自信，甚至非常容易自卑。一旦有一个比他更厉害的人出现，他的优越感、自我满足感、自我喜悦感就会立刻消失于无形，随之而来的是恐惧、自卑，并且视对方为威胁。然后他就陷入被动。

也有一些人恰好相反，属于攻击型沟通的人。这类人很容易不耐烦，你还没说什么，他就已经生气了，并且经常使用批评、嘲笑、讽刺的方式来进行沟通，或者提出强硬的要求。一般来说，这类人说话的声音会非常大，攻击性很强。他不愿意妥协，会经常打断对方的话，或者在你讲话的时候要求你听他说。但是当你要求表达的时候，他却不太在意，不认真听你说。比如，有些比较强势的父母常会对孩子说："你要说什么？你不要讲了，你是小孩子，不懂，听我的。"这就属于攻击型的沟通方式，对他人是比较不尊重的。

最后一种沟通方式是我们想要的，叫坚定型沟通，也就是我们常常听到的"温柔而坚定地沟通"。这种沟通方式关注双方的需要，我知道我的需要是什么，我也在乎你的需要。被动型沟通的人只在乎对方的需要，攻击型沟通的人只在乎自己的需要，而坚定型沟通的人同时在乎自己和对方的需要。这样的人往往有真正的自信，自我认知也比较健全，而且富有同理心。同理心是一种莫大的能力，让人能够跟别人共情，并因此愿意做出妥协。当然，这个妥协是在他自己同意的范围内，是他考虑了对方的需要和自己的需要以后做出的一个选择，而不是被迫的，不是因为自己不好意思拒绝、开不了口，所以就被迫妥协。

因此，坚定型沟通的人不会打断别人说话，他会认真倾听，同时他能够为自己发声，能够清楚地表达自己的需要，具有自信的语气和身体语言，比如目光会注视着别人。当我们想设立界限的时候，我们一定要以这种温柔而坚定的沟通方式与对方沟通。

举个例子，如果你的母亲经常不打招呼就跑到你们家来，让你感到很不舒服，你可以这样沟通：我知道你的需要是得到尊重，而我的需要是独立的空间，你侵犯我的空间让我觉得很不舒服，所以你以后不可以随便到我们家来。我要把钥匙收回，我不会让你随时随地能进到我们家里来，因为我实在是需要一些私人空间。与此同时，我知道你需要被尊重，我也愿意尊重你。我尊重你的方式是只要你来之前给我打电话，在我方便的时间，我都非常欢迎你。

这样沟通之后，对方就知道，你要跟他设立界限并不是要拒绝他，而是真心希望你们之间的关系变得更好。

如果你所谓有边界感的方式是提前什么都不说，突然要求对方做到这个、做到那个，一旦对方拒绝，你什么都不沟通，直接不理这个人了，把他从你的生命当中"拉黑"，这就不是建立健康界限的做法。

除了提前沟通，在立界限的过程中，也同样要用温柔而坚定的沟通方式。我们可以很温柔地向对方表明我们的需要，并坚定地捍卫自己的需要。比如，你可以对你的配偶说："亲爱的，我需要你尊重我，不管我做错了什么，你都必须在尊重我的前提下跟我沟通。"这就叫温柔地表明需要，同时也坚定地捍卫需要。

这里需要强调的是，当你要做出必要妥协的时候，你要寻找其他综合的方法,而不是允许对方越界。一旦立了界限,就不允许对方越界。但是,你可以用其他方法来让步。

比如,你之前跟孩子立好了界限:如果午饭没有吃完的话,下午就没有水果吃,直到晚饭的时候才可以吃饭。结果,孩子午饭没好好吃,没过多久,他真的非常饿了,想要吃点东西。界限已经立过了,可你也知道他是真的非常饿了,这时候需要一点妥协。那么你可以给他一小块饼干,或者一小块面包,但是绝不给水果。

在下一章中,我会展开讲如何寻找其他综合的方法,以及这么做的后果。这里要提醒大家的是,当别人企图越界的时候,我们不要愤怒。他可能还没理解你的界限,所以他会想越界。这时我们只需要温柔而坚定地让对方知道我们的立场,知道我们这样做是为了彼此之间的关系更健康。可以很温柔地解释,但是一定要坚定地守住界限,不要退让。

由于界限本身是很模糊、很抽象的,所以很多时候我们会拿不准分寸。但是,如果我们越多地思考界限的问题,我们的大脑就会建立一个新的模式,这个新的模式能够逐渐代替旧的模式。这是很关键的一点。练习越多,我们就能够做得越好。

学习在关系中建立界限不是为了停留在概念层面,而是为了在生活中实践,所以我鼓励大家不断思考,同时也继续练习。

克服三大障碍，让界限建立更顺利

我们在建立健康界限的过程中，也会遇到一些障碍，比如很容易产生错误的罪疚感，或者是产生被抛弃感，以及因结果不可控而带来的恐惧感。因此，你需要克服这三个方面的障碍，才能顺利建立健康的界限。

如何处理"罪疚感"

"都是我的错"。

只要你开始立界限，我向你保证，对方一定会让你觉得你对不起他。

比如一个妈妈对孩子说："我活着都是为了你，我忍辱负重，不跟你爸爸离婚，都是为了你。你是我唯一的希望，你一定要争气。"如果要试着跟这样的妈妈立界限，我们可以说："你不离婚，那是你的选择，你有你的原因。但是我不希望你把这些归到我的身上，因为我不喜欢。这会让我觉得，你这么多年遭的罪都是因我而起。我会觉得自己是一个包袱，一直在拖累你。这让我很不舒服，我希望你不要再这样说了。"

这样讲完后，大部分家长一定会说类似的话："可我说的都是真的，你怎么能这么说呢？你这样好伤爸爸/妈妈的心，爸爸/妈妈能活下来的唯一原因就是你。我真的太伤心了,早知道你会这样,我还不如那时候就死了的好。"在团体辅导中,我听过这样真实的对话。这个时候,做儿女的很容易就会有罪疚感,怎么办呢?

这里要特别提一下,父母有可能不是故意让我们有罪疚感。非常有可能的是,他们是真的觉得就是因为你,他们才没有走。他们也是真的觉得你对不起他们。这样的父母本身就没有界限感。

举个例子,我记得非常清楚,我年轻的时候很喜欢爬山,那时的梅里雪山是完全没有开发出来的野山,我喜欢自己背着包去爬。我妈每次都非常担心我,她怕我出事,所以不想让我去。有一次我要出门了,因为年少轻狂,也不太能明白父母对孩子的那种担心,就坚持要去。我妈妈当时就给我撂下一句狠话,她说:"你今天要是敢踏出这个门,我就在家里自杀,你回来就只能看到我的尸体了。"而且,她还说:"我要写一封遗书,让所有人都知道是你让我自杀的。"我当时完全不敢相信这话是我妈妈讲出来的,因为我妈妈是高级知识分子。我也不知道当时自己哪来的智慧,心里很震惊,却用非常镇定的语气对她说:"妈,你是一个受过高等教育的成年人,怎么会用这样的方式来威胁我?你是要对自己的生死负责的,你怎么会觉得你的生死要由我来负责?如果你自杀了,我会非常难过,但是我绝不会觉得是我让你自杀的。我不为你的生命负责。如果你真的这么做,这是你自己的决定和选择。"说完之后,我把门一关就走了。可是走到楼下,我就不敢走了,来回踱步,担心万一我妈真的自杀了怎么办,纠结自己到底要不要走。但那时我就想,如果我回去了,我妈就会知道,她是可以用死来威胁我的。从此以后,她遇到什么事情,还可能用死来威胁我、逼我就范。于是我在楼下徘徊了半天,还是咬着牙走了。从此以后,我妈再也不用自杀来威胁我。很多年后我们说到这事,我妈妈都觉得她当时怎么那么可笑。她说:"还好你当时稳住了,走了,否则我就会彻底绑架你。"

现在在很多家庭中,父母给孩子立界限时,孩子会用"我不吃饭了""我不做作业了"来威胁父母,很多父母一点办法都没有。有朋友问我面对这种情况应该怎么办,我说:"那就让他试一下。"当他不吃饭而感到饿的时候,或者不做作业第二天被老师批评的时候,他就再也不敢了。

这也符合我们前面说过的原则——种什么,收什么。我们需要让种的人收自己所种的,因为只有这样,他才能够知道什么决定都是会有后果的,他不能乱做决定、乱做选择。有的人可能会说这听起来太残忍了,尤其是对自己的家人。当我开始跟我妈妈立界限的时候,我妈妈并没有因此变得糟糕,而是变得更好了。所以,我们要帮助父母去建立界限,这是对彼此都有益的事情。

如果一个人总是可以用罪疚感来操控你,其实这对他不健康,对你们之间的关系也不好。所以我们一定不要有错误的罪疚感。

那怎样处理我们的罪疚感呢?

处理错误罪疚感的第一步是需要分辨。

想一想：这是我的错吗？我应该觉得对不起对方吗？我应不应该有罪疚感？这件事中有没有我的责任？哪一部分是我的责任？有没有对方的责任？哪一部分是对方的责任？对方说的有道理吗？我们要仔细分辨。

作为一个心理咨询师，我感觉很多来访者都是非常焦虑或抑郁的，他们会有各种行为上的问题。偶尔他们会把自己的问题归咎到我头上。

比如，有一个来访者，我猜他可能已经在虐待孩子了。按照美国的法律，我必须向美国儿童保护中心报告。对此他非常生气，然后他对我说："我根本听不懂你讲的话，因为你是一个中国人，你的英文有口音，所以我听不懂。"这个时候，我需要分辨这种带来罪疚感的信息：他说的是对的吗？是不是我做得不好，而导致了他今天这样的状态？还好，我能够很快地分辨出这是谎言，他都接受我的辅导一年了，居然现在说他听不懂我说话，如果真听不懂，早就该听不懂了。在这种情况下，我们要快速地分辨，理清带来罪疚感的信息，并且给这些信息立界限。

处理错误罪疚感的第二步是要挑战惯性思维。

如果我将所有的罪责都推到某人头上，他的第一反应会是："没错,都是我的错。"事情的结果不好,有的人会发脾气,而有的人会习惯性地认为是他的责任。

Dyson的一个亲人自杀,他第一个反应是:"我当时要是多给他发几条信息,也许他就不会自杀了。如果我当时去看望他,也许他就不会自杀了。"这些就是惯性思维——我们总是把事情揽到自己身上,总觉得要为别人的情绪负责。事实上,我们需要挑战这种惯性思维,告诉自己这和我没有关系,不是我的错。

在这种惯性思维出现的时候,我们首先需要"叫停",告诉自己不要这样想。其次要反问自己:为什么这件事没做好,我会觉得是我的错?

处理错误罪疚感的第三步是"认知过滤"。

认知过滤这个词是我创造出来的。为了获得更好的水,我们会安装净水器,里面有一层一层的过滤网。我们的认知也需要过滤。当我们有罪疚感的时候,我们要通过几个问题来过滤一下,看看哪些信息是不真实的、不对的,甚至是有毒的,而哪一些信息是真实的、正确的、有益的。

我们可以用三个问题来进行认知过滤。第一个问题是:他说的是事实吗?第二个问题是:他为什么要这么说?第三个问题是:他希望我听了以后有什么反应?

比如,面对那个怪我英语不够标准的来访者,我会先问自己第一个问题：他说的是事实吗？显然，他说的不是事实。事实证明，在过去这一年里他完全听得懂我讲话，突然，就在我要举报他有虐待儿童问题的时候，他说他听不懂了。第二个问题：他为什么要这么说？刚开始我也不太清楚，但是我仔细想了想就明白了，这是因为他很生气，他想把他的愤怒发泄到我身上。第三个问题：他希望我听了以后有什么反应？我猜想，他一定是希望我听了他的话，认为是我的问题，这样我就不敢去举报他了。

认知过滤是一个很重要的练习，因为我们的大脑需要做强化训练，直到这三个问题成为我们的第一反应，面对各种主动或被动接收到的信息，我们自然而然就会用这三个问题来进行认知过滤。

如何克服"被抛弃感"

"我感到自己被抛弃了……"

当你立了界限以后，对方很有可能会采取一些令你难受的行动。比如，领导可能会冷落你，朋友或者父母可能会不接你电话。如果你决定要立界限，你就需要做好心理准备，你可能会产生被抛弃的感觉。但同时你也要知道，如果对方让你感到被抛弃了，很有可能是因为他不知道自己应该怎么做，因为他之前从来没有处理过界限问题，没有经验。就像我妈妈，我开始与她立界限时，她完全不知道应该怎么办，所以就选择干脆不理我，用不理我的方式来保护她自己，同时也是掩盖她的不知所措。在这个阶段，我们产生被抛弃的感觉也是很正常的。

当然，我们也可以做一些铺垫，帮助对方更好地接受我们所立的界限。

首先，立界限之前一定要事先跟对方沟通。

对方很可能对界限有各种误解，所以当你要立界限的时候，他以为你要跟他划清界限、与他生疏，所以他就开始与你生疏了。他不明白还能怎么做。所以，我们要在立界限前先把我们立界限的动机说出来，避免对方误解。

比如你遇到一个总在半夜给你打电话的朋友，你可以这样跟他说："你每次三更半夜打电话吵醒我的时候，我都特别生气，因为这非常影响我第二天的生活和工作。我跟你说过很多次，你也不听，这一点让我觉得特别不被尊重，以至于以后我都不想再跟你做朋友了。所以请你以后不要在晚上 12 点之后给我打电话。如果你再打，我就会把你拉黑，不再接你的电话。"然后你要解释，之所以这样做是希望你们将来还是朋友，要不然遇到这种情况你还是会生气，真的是不想再跟他做朋友了。

其次，如果对方主动远离时，你要主动联系。

对方可能不知道该怎么办，所以你要主动联系他们，让他们知道你并不是要跟他们分开，而是想要让彼此关系更好。尽量在其他方面与他们正常相处。

比如，陈星说他妈妈随时随地都会打电话找他，并且要求他无论是在上课还是做别的事情都必须接电话,否则她就会很生气。他试着立界限,告诉他妈妈,每天晚上8点以后他才可以接电话。但是,当立下这个界限以后,他妈妈就不理他了,既不给他打电话,也不接他的电话。他问我该怎么办,我就告诉他,晚上8点过后给他妈妈打电话,如果她不接,没有关系,再过两天后,还是在晚上8点之后再给她打电话。这就是我们在以主动的、正常的方式去经营关系。主动打电话给不理你的妈妈,这是在继续尊重她,并继续向她表达爱,对不对?但是,这个主动的行动,一定是在我们的界限范围之内。所以我叮嘱陈星,千万不要在白天的某个时候给她打电话,因为我们给她立的界限是晚上8点以后才可以跟她通电话。坚持守住这个界限,她就能够接收到一个信息:你立界限并不是不要她,也不是不要跟她通电话,而是时间上不允许。

我先生的家族比较大,所以我们结婚以后,当他与他的父母立界限的时候,他的父母就不理我们,也不过来看我们,对我们非常冷淡。因为他们以为我先生要和他们断绝关系,所以就远离我们。后来,我先生一再地与他们沟通,表明他仍然关心他们、爱他们。慢慢地,他们才明白我们不是不要他们了。

最后,我们要找到一个安全的团体获得支持。

如果对方心怀恶意孤立你,让你产生被抛弃感的话,你需要在一个安全的团体里得到大家的支持。比如,我现在做很多团体辅导,一方面是因为我确实没有时间做私人辅导了,另一方面是因为团体辅导可以为大家建立一个非常好的互信环境。在团体辅导中每个人都在讲自己过去的经历，大家的敞开度是很高的，而不像在外面那样戴着面具做人。所以，团体的向心力、凝聚力特别高。

我还在线上开办团体共进营，一群人一起朝着共同的目标改变，相互支持，相互打气，相互鼓励。在一次线上辅导中，一位学员提到自己童年时被性侵的经历，她虽觉得非常羞耻但仍鼓起勇气分享出来。在接下来的半个小时里，有超过一半的学员因为她的分享，也纷纷出来分享自己过去被骚扰的经历。这些女性都曾经为此感到羞愧，也从来不敢对任何人提起，但是在这里，她们是安全的，被接纳的，不被论断的。这样的团体，就是一个安全的团体。

如何克服"恐惧感"

"他会不会伤害我？"

有时，对立界限产生恐惧感缘于我们不知道对方会做什么，我不知道立界限的后果会是什么。比如，如果我给老板立界限，我不知道他会不会因此打压我。

例如，Mike的老板实在是太麻烦了，所以他尝试和老板立界限，他的老板果不其然就一直找他的麻烦，让他在公司里很被动。其实Mike也是一个中高层管理人员，但不管他怎么表现，他就是得不到好评。他所在的公司是不需要打卡的，但他有时候去晚了一点，他老板就会给他发邮件批评他迟到，用邮件而不是口头批评是为了留下证据,所以他可能会被开除。在美国,被开除的人很难再找到工作。如果因为公司实在没有合适的岗位而只能辞退一个人,老板一般会给出很好的评语,以便这个人找到下一份工作。但如果这个人是被开除的,他基本上是得不到好的评语的,所以当时Mike就很紧张。他面临一个选择,要么自己辞职,要么向老板妥协。向他的老板妥协意味着放松界限,但是放松界限后,他的日子也会变得很可怕,所以,他最后两个都没有选,他决定把界限坚持下去。

从那时候起,他开始记录自己的工作以及和老板的对话,然后把记录交到了工会,最后的结果是他的老板向他道歉。这件事后,他的老板就再也不敢给他"穿小鞋"了。又过了不久,他的老板就被调走了。他的同事们明着不说,但是暗地里都非常尊重他。大概过了半年多,大家都心悦诚服地推荐他做经理,他最后成了老板。这是一个坚持界限最后得到好结果的例子。

当然,不是每次坚持界限都一定会有这么好的结果,也许你碰到的老板是你根本没办法胜过的,也可能没有人为你主持正义。所以,请记得我们在前面讲过的原则:立界限本身是一个选择。你是选择立界限并为此付出代价,还是不立界限忍受痛苦?很多人觉得立界限太可怕,但是其实我们已经看到了,不立界限也很可怕,只不过我们习惯了那种可怕,不觉得它可怕而已。立界限是另一种更为陌生的害怕,所以让人退缩、想放弃。

然而,我们要努力操练自己做对的事情。设立界限能帮助你在相对较短的时间内建立好自我保护的"栏杆",并告诉他人如何对你。

完成了这一步,将来你在工作、生活上就会很轻松,省去很多麻烦,不必担心有人随时闯进你的"房子"。就拿我来说,我曾花 5 年时间和我母亲磨合界限,但这 5 年相对于之后更长久的相伴,实在不值一提。何况,在磨合的过程中,情况也会越来越好。所以,立界限属于一劳永逸的工作,是你应该付代价去做的对的事情。

第四章　想明白这几点，提升你的边界感

在前面，我们已经了解了什么是健康的界限，以及如何建立健康的界限。但是在具体实践的时候仍然会遇到一些挑战，这一章我们就重点讲讲在建立界限的时候，大家普遍存在的错觉和迷思，以及如何破除它们以提升我们的边界感。

怎么区分"缺乏界限"和"越界"？

我在 2022 年讲界限课时，有一个学员学到一半的时候，终于明白原来她的人际关系之所以一直有问题其实是因为缺乏界限，于是她立志要和亲人朋友建立界限。过了没多久，她垂头丧气地来找我，说："吉祥老师，我现在知道要立界限，可是我不知道哪些地方别人越界了，哪些地方没有越界。所以我既担心在别人越界的时候忘记立界限，又害怕别人其实没有越界而我自己反应过度。"

比如，她继续说：

"我妈帮我带孩子,孩子吃饭要外婆喂,我说这么大的孩子可以自己吃,可我妈撸起袖子就喂上了,这叫不叫越界?

我一个很久不见的朋友见到我就说我变胖了,让我减肥,这叫不叫越界?

我好不容易把厨房收拾得干干净净,老公回来一看就说,我没把酱油瓶子放回原处,这叫不叫越界?

我的老板总是在下班前5分钟开会,这叫不叫越界?

我家大女儿总是不经我同意就用我的手机买东西,刷短视频,这叫不叫越界?"

……

诚然,这是很多学员在学习立界限的过程中碰到的普遍困惑:以前不知道界限,看什么行为都觉得没问题,现在学了界限,看什么行为都觉得像越界。那么,到底哪些行为属于越界行为,哪些行为不属于越界行为?

其实很简单,问一个问题就能搞清楚对方的行为有没有越界。这个问题就是:关你什么事?不是要你去怼别人,而是真的问这个问题,这事儿和对方有关吗?如果和对方没有关系,那么对方就越界了。给大家举几个例子:

1. 好久不见的朋友看见你第一句话就问:"发生了什么事,你怎么最近长这么胖啦!"越界了吗?可能你心里会想,她可能也是担心我,没有恶意。你也可能会想,她就是这么个刀子嘴豆腐心的人,但是从越界的情况来说,你长胖不关她的事,所以她越界了。

2. 过年回家，三姑六婆问你："你今年挣了多少钱啊？"这种问题很容易被类似"亲戚的关心"这样的借口遮盖，但是，你挣多少钱不关他们的事，所以他们越界了。

再来个升级版，更难的。

3. 父母帮你带孩子，你让他们不要再喂孩子饭了，免得孩子很大了都不会自己吃饭，可是父母根本不听，照样喂饭。这是越界吗？孩子是你的没错，但是他们在帮忙带，所以，这事与他们有关。他们不听你的建议，虽然让你很抓狂，却并不是越界。除非你能做出选择，如果再喂饭，那么就不要他们帮忙带孩子了，那么你就可以因为这个决定而和他们设定界限，但如果你需要他们的帮助，那么这个界限就立不了。

我们在学习立界限的时候，要特别注意避免草木皆兵。我再强调，建立界限的目的并不是要把亲人朋友都远远地隔离在外，让人不敢接近你，而是要通过拒绝有意或无意的越界，让双方的关系变得更健康。

彼此相爱的人，需要界限吗？

还有一种观点认为，彼此相爱的人，不应该有界限。

与家人和亲密的朋友相处时，我们常会说"我爱你"，这三个字其实是很可怕的。有很多人会跟我说："我最怕听到的就是我妈妈跟我说'我爱你'，因为我知道这句话就等于，她会在任何时间做任何我要她做的事情，她可以为了我的利益牺牲一切；与此同时，她对我的期待也是一样，她也希望我做出同样的牺牲和付出。"

以爱之名，很多人付出很多，最后却落得两败俱伤，彼此心生怨恨。因为当我为你付出这么多，而你不能回报我的时候，我就很伤心。很多父母说"我不会，我对孩子的爱是不求回报的"，如果你对孩子的爱真的是不求回报的，这个爱一定是非常有界限的。如果你对孩子的爱没有界限，你一定会要求他回报你，只不过有时你可能没意识到自己有这样的要求。比如，你要求他成绩很好，因为你为他付出了这么多，带他参加培训班，他怎么可以成绩不好；或者你不要求他成绩好，中等成绩没有问题，但是他要听话，要懂事……我们其实对孩子有很多的要求。

我不是说有要求是错误的。但是，如果是因为"我对你做了这么多，你就必须达到我的要求"，这不是真正的爱。

真正的爱是有界限的。所以，有时候最极致的爱就是对孩子说"不"。大家都知道，如果孩子一直要吃冰激凌、不停地吃，我们出于爱孩子，会给他设立界限。我们会说："不，今天只能吃一个冰激凌。"你不会说："我爱你，你吃吧，饭也不用吃了，就吃你想吃的冰激凌、糖果和其他甜的东西就行。"

Sara的妈妈是她最好的朋友，她也是她妈妈最好的朋友。她在华盛顿工作，她的妈妈住在佛罗里达州，她们隔得很远，每天要打两次电话，早一次，晚一次，分享彼此的心事。她的妈妈除了她没有任何朋友，所以每一次放假就等着她从华盛顿飞回佛罗里达。她也一直认为自己的责任就是陪伴妈妈，没有别的，所以她从来不跟同学或同事一起出去旅游。每次一放假她就飞回妈妈那，哪怕她其实已经很厌倦了，其实很想和朋友出去玩。后来她来我这里接受辅导，发现了这个问题。她就开始立界限，开始和朋友、同事、同学去旅游。她的妈妈要求她放假的时候回家陪她，她学习开始拒绝。最开始的时候，她的妈妈伤心欲绝，觉得过不下去，快要疯掉了。可是后来她妈妈慢慢地知道，她的孩子在做一件对的事情。这样建立界限以后，她妈妈虽然不情愿，但还是开始结交周围同龄的朋友，也开始跟她们一起去逛街、学插花等。Sara用正确的方式来爱她的妈妈，她与妈妈的关系也渐渐变得更加健康。

所以，如果你是父母，请不要再说：我这么爱我的孩子，我无私地爱我的孩子，所以我不要与他们立界限。

爱，一定是有界限的。

请牢记：没有界限的爱是溺爱，也是不健康的爱。只有有界限的爱，才是能够造就人、塑造人的健康的爱。

如何破除"立界限"的五个迷思？

立界限会让两个人变生疏吗？

很多人担心，立界限会让两个人的关系变得生疏。

真的是这样吗？

事实恰恰相反，立界限会让两个人的关系更加亲密。

还是拿我和我母亲的关系来举例。

她为我牺牲了很多，我非常爱她。但在我们还没有立好界限的时候，我们两个真可谓"相爱相杀"。

于是就出现了一种现象，叫"我爱你，但我不喜欢你"。每次隔着距离我都很关心妈妈，会给她买各种补品，总想着她需要些什么，我要买来送给她。隔久了不见，也会很想回家住一段时间，但是，只要我回家，不超过一周，就会产生各种各样的矛盾，让我想立刻逃离她。因为我的妈妈还把我当孩子对待，想要"管"着我，全然不尊重我已经是一个独立生活的成年人，大清早随意进入我的房间要替我打扫房间，非要强迫我吃早饭，晚上一定要等我回家她才睡觉。我觉得自己被她"绑架"了。

而我的妈妈呢，也很委屈。"你这么久不回来，一回来就打乱我的生活节奏，我早上 7 点准时吃早饭，你偏要睡到 8 点，我不等你吃饭也不对，等你吃饭我就要饿着肚子；我晚上 9 点就要睡觉，但你 9 点还在外面和朋友玩，我又怕你没带钥匙，又怕你晚上饿了想吃点什么，我就不敢睡；我的家里长期都是干干净净的，你一回来就把家里弄得很乱，还不让我进去打扫……"

这种大大小小的矛盾数不胜数。

我们之间没有界限，所以她的事情成了我的事情，我的事情成了她的事情。我很痛苦，她也很痛苦。

《你好，李焕英》这部电影，为什么会引起那么多人的共鸣？也许是因为我们自己的原生家庭和电影里的相似。原生家庭的问题，我们在后面章节会有详细的论述。

这里我想说的是，为什么我们对自己的父母有时会又爱又恨？

其实，这是因为在我们的关系中只有"爱"，却没有界限。

你有没有见过很多父母累得半死，心里有很多的怨恨，但是又觉得自己必须帮孩子带孙子，要不然好像对不起孩子？然而这种"牺牲"，儿女会领情吗？他们之间的关系会很和谐吗？很多时候虽然父母帮我们带孩子，但我们对他们仍有一肚子的怨恨，父母对我们也有一肚子的怨恨。但因为一些所谓的"现实原因"，到最后双方还是没办法分开，必须在一起生活。这种状态让很多人非常焦虑、抑郁、抓狂。

很多人爱父母，却不喜欢父母；他们很爱父母，却没有办法跟父母住在一起，一旦住在一起，时间稍微一长，就会感觉整个人都要爆炸了。这就说明，没有界限的关系其实并不一定亲密，我们只是因为血缘而绑定在一起。

我们误以为是界限让我们的关系变得生疏，其实没有界限才让我们变得生疏，甚至好好的母女落得不相往来，好好的父子变成了仇人。

其实，我们跟其他人的关系也是同样道理。

比如，为什么会有"塑料友谊"？平时两个人看起来好得像一个人，但经不起一点波折和考验，一有风吹草动就会撕破脸。这也是因为在彼此的关系中没有界限。

所以，如果我们想要拥有亲密的家人、知心的朋友，那么在彼此关系中一定要有界限。

那为什么还是会有很多人觉得，立界限会让彼此更生疏呢？

这是因为，刚开始立界限的时候，会打破现有的关系状态，带来一些新的挑战，所以会让对方感觉被冒犯到了，从而引发一些争执。但是请相信我，这只不过是一开始不习惯罢了，过一段时间之后，等你们重新建立起了新的健康的关系，你们就会享受到这段关系带来的更多甜蜜。

比如，自从我和我的妈妈明确了我们之间的界限之后，到今天，我和她之间的关系已经非常健康了，我们在一起相处非常愉悦。她可以很轻松地拒绝我的要求，比如说我想请她来帮我看孩子，我妈妈可以说："抱歉，不行。"我也完全能接受她不来帮我看孩子这件事，不会因此对她心生怨恨，不会觉得她对不起我。我知道这是她的权利，她完全有权利不来帮我看孩子，她不帮我带孩子是理所当然的事，来帮我带孩子则是恩典。我不会对她有错误的期待，我的妈妈也不会对我有错误的期待。

有时我会跟她说我有这个需要、那个要求，她就半开玩笑地说："不要再说了，再说我可要挂电话了。"于是我就会立刻停止提出那些不合理的要求，我就不会再讲她不想听的事，更不会对她喋喋不休。我母亲也是一样，如果我说"抱歉，妈，我现在很忙，我不能再跟你说了"，她会尊重我的意见，然后挂掉电话。我们现在能毫无愧疚或挣扎地将自己的真实想法坦诚相告，关系十分亲密和谐。她不会说一些让我觉得很烦恼的话，也不会再说伤害我的话，我也更加发自内心地尊重她、爱她。

更重要的是，现在我不但爱她，而且我也喜欢她。这里所指的"爱"，更多的是由血缘关系所带来的一种情感，是被动的，打断了骨头连着筋的那种无法割舍的、血浓于水的感情。而这里说的"喜欢"，却是一种在主动选择下发自内心的享受和欣喜，这种感情会让你想要尽可能多地和对方待在一起。

健康的界限，不会让我们彼此疏远，而是会让我们的关系更亲密，相爱不相恨，彼此关心却不会互相辖制。

立界限就等于自私吗？

这种观点，其实是把自私和自我照顾混淆了。

什么是自私？我要求你做我想做的事情。

什么是自我照顾？我做自己想做的事情、自己需要的事情。

举个例子，你刚刚下班，已经很累了，这时候你的闺密打电话来叫你过去陪她，因为她失恋了。你告诉她今天太累，不能过去陪她了，这就是自我照顾；而你的闺密不依不饶，非要你去陪她，用各种方式来情绪勒索、道德绑架你，不顾你的疲倦，要你去满足她的需要，这就叫自私。

自我照顾不会伤害别人，而自私会。还是以上面例子分析，你闺密叫你去陪她,你因为太累不想过去,并没有伤害她的利益,但她非要让你过去陪伴,却会对你的身体和精神造成伤害。自私是不管我的行为会不会伤害你,我都一定要做。

不会自我照顾的后果是什么?给大家讲一个真实的案例。

丁丁是一个老好人,有一天他上班的时候身体很不舒服,所以他就提早下班了,想赶快回家休息。没想到有个同事想请他顺路载他一程,因为他自己的车子坏了。丁丁其实很想拒绝,但是他觉得如果拒绝,是一种很无情、很自私的行为,所以还是送了对方一程。而他的家其实在反方向,所以当他送完同事再回家的时候,不巧遇到下班高峰,开始严重堵车。他本来就已经很不舒服了,加上路上堵了两个小时,所以回到家后,他整个人都崩溃了,非常难受。

举这个例子,是想请大家分清楚:自私和自我照顾是两个不同的概念,不要混为一谈。

如果我们认为,别人需要我的帮助,我就要放下自己的需要去帮助他。即便我已经很累了,已经很想要休息了,我还是要去帮助他,如果不帮助他,那就表明我是一个很自私的人。

其实这种观点是错误的。

任何时候我们都要先照顾好自己,再去照顾别人。而不是反过来。

设立界限,不等于自私,而是让我们先系好自己的安全带,再去帮助别人系好安全带。

立界限会伤害到别人吗?

很多人觉得设立界限会伤害到别人,这是因为不知道怎样正确地设立界限,以为要设立界限就得很严肃,表现得很生气。

如果你还不太会设立界限,那么,你一般会在自己很生气的时候提出一个要求,以此来作为界限。比如,以后不准你对我这么讲话,以后不准你再迟到……我们会比较愿意提出这样的要求,好像是在设立界限。这也让我们产生一种错觉——如果我要立界限,我就得很凶。而过往的经验告诉我们,在生气的时候说出来的话,往往是很伤人的,所以我们就觉得不能这样,于是也不敢立界限了。

其实,立界限绝对不是提要求,立界限也不是要凶别人、伤害别人。一个理想界限的设立是温柔而坚定的。所以,千万不要误解。

立界限会花很多时间吗?

我在前面提到,我和我母亲立界限花了 5 年的时间。你们可能会觉得这个时间太长了,所以嫌麻烦、不想做。

立界限确实会花很多时间,然而不立界限会花更多的时间,因为一段没有界限的关系,会让你为很多跟自己无关的事情负责,因此会浪费你很多的时间、精力和情绪;反过来,设立界限看似花了一段很长的时间,但是过后它会为你节省更多的时间。

打个比方,你每天都跟丈夫吵架,每次吵一个小时,很辛苦。

如果你愿意花一年的时间专心学习如何与人相处，以保证你们之后都不吵架，那么，虽然一年比一个小时长很多，但事实上你总体花的时间更少，你们的关系也更健康。

立界限会引发更多伤害吗？

也有人担心，设立界限会引发更多伤害。

举个例子，孩子在学校被老师错误地对待，我们应不应该站出来保护自己的孩子。

很多家长害怕老师以后给孩子"穿小鞋"，所以就不敢找老师沟通，决定维持表面上的体面。但是这样做其实忽略了一个事实：如果你不去立界限，你的孩子随时都可以被老师任意对待。因为上一次在老师任意对待你孩子的时候，你没有跟他立界限，所以他下一次仍然可以用错误的方式对待你的孩子。这就是我们没有界限思维带来的后果。

很多人还是会害怕，万一闹得太大，对孩子造成更大的伤害。比如听说某某家长因为孩子的问题到学校去闹，甚至砸了东西，最后孩子被迫转学。这其实是因为他没有以正确的方法来立界限，所以最后结果不好。

从我的经验来看，所有用正确的方法跟老师设立界限的——请注意，是用"正确的方法"设立界限——最后都得到了很好的结果。

如果你只是跑到学校大吵大闹，那根本就不是设立界限，而是在发泄情绪。当我们用对的方法来立界限，孩子会得到父母的保护。老师也不敢再随意地对待孩子，而且老师还会尊重家长，因为他知道家长是有界限感的，有界限感的人会受人尊重。

如果对方不配合怎么办？

某天早上，我跟一个朋友通电话。他跟我讲到他和他妈妈之间有很多的伤害、不解、积怨，但是都没有说出来。我当时跟他说，我认为这是界限的问题。他回答说，这不是界限的问题，和界限没有任何关系，因为他妈妈没有文化，如果跟她讲界限，她是听不懂的。这位朋友代表了很多人对界限的一个错误认知，那就是他们认为立界限是与对方有关的一件事情，如果对方不愿意改变，不愿意接受我们立的界限，那么我们就无法和对方立界限。

就像这个朋友一样，每一次当我提到立界限的时候，很多人的第一反应都是拒绝，觉得立界限很可怕。之所以如此，很多时候是因为第一时间我们就会觉得自己做不到，这表明我们对界限不够理解。

你可能也有这样的误解，认为立界限是两个人的事情——如果对方不配合、不支持，我就没有办法立界限。但是，我想告诉你，立界限其实只是你一个人的事情。

如果你的房子没有"大门"，请问，此时如果有人要冲进你们家，而你看到后赶紧关上门，不让他冲进来。请问，把他关在门外，是你一个人的行为，还是你和这个人一起的行为？如果对方不愿意你关门，不允许你关门，你要不要关门？照样关，可能关得更快！同样的道理，立界限一定是你自己一个人的行为。

所以，你为什么会害怕立界限？因为对界限不了解，不知道立界限到底是怎么回事儿，以为立界限不是自己能说了算的，而是要对方配合。所以，如果对方没有文化、听不懂，或者对方不配合，我们就会认为没有办法。

其实，立界限只是你一个人的事情。

回到本小节开头提到的那个朋友。他跟我说，他母亲对他的众多伤害之一是，他明明给了他妈妈很多东西和钱，他妈妈却说没给。所以，他就和他妈妈理论，并且很伤心，之后他决定再也不给妈妈钱了。

这是没有立好界限的问题。立界限时，你要告诉对方，你需要他怎么做。然后你也要告诉对方，如果他不这样做，会有什么后果。比如，给钱的事情，这个朋友就可以告诉他妈妈："我给了你钱，我需要你承认我给了钱。如果你不承认，那么以后我就不给你钱了。"这就是立界限。而这个朋友跟他的妈妈纠缠了那么多年，但是一直没有告诉她，他需要什么，以及如果她不做，后果会是什么。

如何克服记忆模式带来的恐惧？

什么是记忆模式？我们现在采取的很多行为模式都是根据我们

小时候的记忆、成长过程中所收到的信息而形成的,这些东西就成了我们的记忆模式,持续影响着我们的感受和认知。

举个例子,盼盼从小就看见爸爸打妈妈,她很想去打她的爸爸,或是保护她的妈妈,但是她发现她什么都做不了,因为她那时候太小了。而且,她在想要保护妈妈的时候,还会被爸爸打。时间久了,在她大脑里就形成了一个记忆模式。盼盼长大以后,当她想要和她的爸爸对抗的时候,她的记忆就会重现,把她带回小的时候。盼盼后来进入FBI(美国联邦调查局)工作,她可以制服一个大概140千克的男人,可以想见她的格斗技巧有多厉害。有一次,她回到她父母那里,因为说了一件什么事,她爸爸就生气了,走过来就要打她。她的爸爸跟她差不多高,但很瘦,而且已经老了。就在她爸爸走过来的那一会儿,她的腿一直在发抖,她非常害怕,甚至站在那里什么都做不了。当她爸爸打她的时候,她条件反射地用手挡了一下,因为她是受过特殊训练的,所以她挡这么一下,她爸爸就倒地了。在那一瞬间,她突然发现,她已经不再是小时候的她了。以前爸爸打她,她只有挨打的份,但现在情况已经改变,她的感受却还停留在过去,在此之前她一直没有意识到这点。这就是记忆模式的影响力。

所以,如果父母不想让孩子成为一个讨好型人格的人,就要从小尊重孩子的界限意识,帮助他立界限,而不要仗着自己是成年人,毫无顾忌地冲破孩子的界限。孩子年龄小的时候,每次想要跟父母立界限都发现立不了,因为每一次父母都可以轻而易举地冲破,这也会形成一个记忆模式。我看到过很多这样的例子,比如有的妈妈非常强势，她的儿子娶的老婆也非常强势，这个妈妈就觉得儿子没用，怕老婆。她没有搞明白，是她从小侵犯了儿子的界限，以至于他长大后没有一个好的记忆模式来帮助、支持他来立界限，甚至他可能根本就不知道要立界限。就算他知道，他也不敢跟别人立界限。就像盼盼一样，小时候的界限不停地被侵犯，长大以后想要立界限时，她就会回到记忆模式。而那个模式本身是一个很可怕的模式，她总是会受到坏的后果的恐吓，所以她不想也不敢立界限，觉得立界限是一件很可怕的事情。

如果父母从小就给孩子建立一个好的记忆模式，让他知道他可以立界限，情况就会大不一样。比如，你的孩子不想让你亲他、摸他时，你要立刻停止，让他知道爸爸/妈妈尊重他。因为这是他的界限，我们要尽量保护他的界限。当然，你设定的界限，他也不可以侵犯。比如，他想要吃10个冰激凌，你当然不能给他吃。但如果孩子提出合理的要求，我们一定要尊重，并且要有意识地建立孩子的界限感。因为他可能不会记得当时具体发生的事情，但是这个记忆、这个感觉会形成模式，一直跟随他。

如何战胜之前软弱无助的记忆模式所带来的恐惧呢？首先，你要告诉自己："我已经不再是过去的那个小孩子了，以前大人可以把我摁在地上打，可以随便骂我，可以嘲笑我，现在他们已经没有办法再这样做了。以前他们打了我，我哪儿也去不了，只能待在家里，因为离开家我活不下去，但现在如果他们还是这样不尊重我，我可以离开，我有自己的家。"我们要不断提醒自己，我已经不再是记忆中的我了，以此来战胜那段软弱的记忆。

其次，我们要做事实验证。问一下自己：真的是这样吗？如果我立了界限，一定会被"穿小鞋"吗？如果我跟他说了这话，他一定会有这样的反应吗？其实结果是不一定的，但是我们总倾向于把结果想得最坏。假如我跟老板说"请你不要晚上12点之后给我打电话"，他真的会生我的气吗？不见得，他有可能觉得我说得对，从此就不再这样做了。

除此以外，我们还要经常练习。当我感觉跟一个人设立界限可能有点艰难的时候，我通常会在开车的时候练习该如何对话。想一想：我这样讲以后，假如他的反应是这样，接下来我该怎么说呢？如果我的学员需要去处理跟别人的关系，我会跟他一起练习，我来扮演那个人，他还是做他自己，我会让他一遍一遍尝试如何表达，然后我给他一个回应，让他尝试应对。

万一不被别人喜欢怎么办？

在我们的记忆模式里，我们曾经试图去立界限，最后都没有好结果——要么被打，要么被骂，要么关小黑屋。当我们去跟他人立界限，就意味着我们要突破自己在别人心目中的固有印象，会有怎样的结果，我们也不能控制。这种"无法控制"的感觉容易带来恐惧。

如果你是一个讨好型人格的人，你会想要讨好别人，让他们喜欢你。可是立界限就意味着，我们要停止讨好别人。这样一来，你必然会担心别人因此不再喜欢你。比如说，如果我跟老板立界限，老板有可能会开除我，或者有可能给我"穿小鞋"，加薪、升职就没有我的事了。想到这里，我们难免产生恐惧。

我们都不喜欢失去别人的爱。但是，你一定要知道，如果你是一个没有界限的人，所有人都"爱"你，这没有什么好值得骄傲的，因为他有可能很"爱"你，却不见得尊重你。如果你每天送你的同事一杯奶茶，她一定说"亲爱的，我爱死你了"，但她是否真的爱你？这样的"爱"是否包含尊重？

因为我们没有界限而带来的爱，不是我们想要的爱。如果你的老板因为你立了界限（比如你告诉老板半夜12点钟以后不要打电话）就给你"穿小鞋"，那么你可能要考虑一下你的工作环境是否健康。如果你选择委曲求全是因为找不到更好的工作，那你可能需要提高自己的能力，换一个更健康的工作环境。

第五章 关系再好，也要承担后果

在设立界限时，非常重要的一个环节就是设立后果。如果没有给到后果，就好像什么呢？我们还是回到前面讲过的房子的例子。本来这个房子没有大门，现在你给它设立了界限，它有大门了。但是，如果只有界限却不给后果，就好像房子的大门没有锁一样。你把大门关上了，但人家还是可以随随便便推门进来。这就是很多人说"我立界限了，但是他不肯听"的原因。

很多人对后果会有错误的理解，甚至完全不理解。很多人以为，后果就是惩罚，就是打骂，就是破坏关系。但实际上并非如此，后果不是被动承受的，而是一个人主动选择的结果。还有的人设立的后果，其实不是"后果"是"奖励"。那什么是后果呢？后果和惩罚有什么区别？后果该如何设定？这一章我们就来了解一下。

后果不是被动承受的，而是主动选择的

很多人对后果有错误的理解或完全不理解。这是为什么呢？因为大部分人在成长过程中形成的对后果的认识就是被罚、被打、被骂，所以我们会认为承受后果是一件被迫的、可怕的事情。当我做了某件事后，得到的后果就是被我爸爸打了一顿，或者被我妈妈收了手机，或者是被收走了零花钱。这些都是被迫的、不好的体验，所以大家对后果这个词有一个根深蒂固的成见，以至于很多人不喜欢设立后果。

我们一想到后果，就会觉得那是不好的。如果我要让你承担后果，意味着我怀有恶意，我要惩罚你，因为我们的经验就是如此。以至于我们对关系亲密的人，很难给他们设立后果。特别是对孩子，很多父母根本没有办法让孩子承担后果，因为他们觉得孩子很可怜，让孩子承担后果太残忍了，会破坏亲子关系，损害孩子的安全感。

我们首先要搞清楚一个概念：后果是一个人自己主动选择的结果。比如，当我说"如果你继续这样不尊重我，那么我就要挂电话了"之后，对方听了如果仍然我行我素，其实是他主动选择了这个后果。

了解这一点之后，你就应该理解，为什么我们不需要在立界限后产生罪恶感，觉得是自己伤害了对方。因为你已经告诉对方后果了，这是他自己主动做出的选择。这也是为什么在立界限的时候，我们首先要跟对方沟通，要告诉他原因和后果。如果我们不事先告知他

后果，当他越界以后，我们突然让他承担后果，这就变成了我们是带着恶意故意惩罚他。但如果我们事先告诉了对方，这样做会有什么样的后果，他仍然选择这样做，那他就要自己承担后果，跟我们没有关系了。不是我们想要惩罚、报复对方，而是他自己选择的，我们只是让这个后果自然而然发生了。

再比如，假如我告诉孩子"你现在不要打游戏，把作业做完，这样我们吃完晚饭后就可以一起去看电影"，但如果孩子选择不按时做作业，而是打游戏，这样他就是自己选择了一个后果，也就是吃完饭以后不能去看电影。

把惩罚当成后果，关系很难长久

还有一些人，会把惩罚和后果混淆，但惩罚和后果是有区别的。

惩罚是一种在对方身上发泄愤怒的行为。而后果是一个正面行为或者负面行为的结果，它会帮助对方了解做对的事情和不对的事情分别会带来怎样的结果。对孩子来说，他会在这个过程中学习到事情的因果关系。我看到很多十五六岁的孩子，他们依然没有因果关系的概念。他们不知道自己做一件事是有后果的。所以，他们做了一件事情以后，很惊讶怎么会有这样的后果。你可能会想：难道他们不会推理吗？其实这不是孩子的问题，更多是因为家长在教养过程中没有训练孩子承担后果。家长认为孩子很没有责任意识，但其实是家长没给过孩子承担责任的机会。不仅如此，我们在与父母、配偶、同事相处时也需要通过承担后果来学习因果关系。

那么，为什么我们不选择惩罚呢？

首先，惩罚虽然有效，但是带来的负面作用更大。如果用在孩子身上，会给孩子的身体和精神都带来痛苦。而且，我们用惩罚威胁孩子，让孩子有好的行为表现，或者是去做我们要他做的事情，他是被迫去做的，不是自己选择做对的事情。

其次，当我们想要惩罚一个人的时候，其实我们已经越界了。为什么？因为当我们想要惩罚对方时，是想要对方感受到痛苦。这是我们试图以自己的方式来控制对方的感受以及他接下来的行为。如果你惩罚孩子，在孩子小的时候可能还比较有效，但随着年龄的增长，他心里就会积压下这种被控制的愤怒。或者，你也许可以惩罚你的下属，只不过你会不得人心。或者，你也许可以惩罚你的朋友，只不过这样的朋友关系很难长久。

当我们把惩罚和后果混淆在一起，认为惩罚就是后果的时候，就很难维系一段关系。这种情况下我们好像就只有两个选择：要么就什么都不说，把这口气忍下来，然后维系关系；要么就是惩罚对方，最后破坏了你们之间的关系。这都不是健康的关系。如果用后果而非惩罚的方法，你就会发现效果完全不一样。

所以，当你吼孩子、打孩子的时候，孩子知道你是失控的。有些孩子大一点的时候，你打他，他也不哭。你知道为什么吗？因为那个时候孩子知道你是失控的，他不哭，说明他仍然可以自控。如果这时候父母越来越生气、下手越来越重，他仍然坚持不哭，那么在自我控制的这场博弈中，孩子就赢了。这带来的后果是什么？那就是父母更多地失去了孩子的尊重。这也是我不建议父母打孩子，把惩罚当作后果的原因。

只设界限不给后果，毫无意义

有的父母会说："我明明告诉孩子不准晚回家，放了学就必须马上回家，但他就是不回家，这是为什么呢？"遇到这种情况，我会问："然后呢？"如果父母给孩子讲了放学之后要马上回家，却没有后果，没有告诉孩子如果不照做会有什么后果，那么设立这个界限就毫无意义。

为什么？

既然不用承担后果，没有遵循"种什么，收什么"的原则，那孩子为什么要按照你的要求来做呢？这样，界限的设立就变得完全没有意义。

同样的道理，在夫妻、父母、同事之间也是一样的。为什么我们没有办法立界限，或者说，为什么我们试着去立界限，但对方根本不理你，照样做他的事情？很可能是因为我们只提出了要求，没有给出后果。

有时候，我们会发现，自己想不出一个后果——因为我们根本不知道自己要什么。

比如，一个妻子跟丈夫吵架，告诉他晚上要早点回来，不要喝多，不可以和其他女人有越轨的行为……但她只是提要求，没有设立后果。我问她："如果他继续越轨，你会怎么做？"她回答："不知道。"她不知道自己要什么。而正如我们之前讲过的，界限是一个选择。我们要明白自己要什么，然后根据自己的需要来设立界限。

假如在这个婚姻关系中，妻子需要依靠丈夫享受优质的生活，那么，如果她不喜欢丈夫跟外面的女人暧昧，她可能会这样设立界限：如果你跟其他女人暧昧，那也没关系，但是你一定要给我足够多的钱，让我愿意继续维持这个婚姻。但是，如果这位妻子要的是美好忠诚的夫妻关系，她设立界限的方式就会截然不同：如果你和其他女人暧昧，我会跟你离婚。这就是根据不同的需求设立不同的后果。

有些家长会抱怨，自己的孩子就是不去上学，父母拿他们一点办法都没有。我觉得很惊讶：怎么会有一个孩子，他靠着你吃，靠着你住，你却拿他一点办法都没有？有的家长告诉我，因为他们担心孩子会做出极端的事情，所以他们害怕给孩子设立后果。但实际情况是，如果父母无条件地宠溺孩子，有的孩子反而会用极端方式来威胁父母。

比如，有一天孙蕊给我打电话。一般我的客人不会在非预约时间打电话给我，除非有特殊或紧急的情况。所以那天孙蕊突然给我打电话，我就知道肯定有急事。结果，孙蕊对我说："吉祥老师，我的女儿说，如果我要求她回学校上学，她就要自杀。"因为她女儿那时就在旁边听着电话，所以我就直接问这个女孩，是不是真的打算自杀，并且告知她,如果她今天真有自杀的计划,那么我会立刻送她去医院,因为这是我的职责。女孩说她没有计划,然后解释说,是因为她妈妈逼她去上学,所以她才想要自杀。于是我告诉她,她妈妈一定会让她去上学的,现在她需要考虑一下,到底是不是真的要自杀,如果要,我立刻就送她去医院。她想了一想,回答我,她只是说说而已。

接下来,我就开始教孙蕊与她女儿立界限。我对这个孩子说:"如果你以后再用自杀来威胁我,或者威胁你的妈妈,下一次你说你要自杀的时候,我不会再问你,我会当你确实有这个想法,并立刻报警把你送到医院。"从此以后,这个孩子再也不敢拿死来威胁她的妈妈了。为什么?因为我告诉她后果,让她明白自己这样做了会有什么样的结果。

这一案例存在一定的特殊性,作为妈妈的孙蕊在自己无法判断孩子情况的严重性时,来寻求我的帮助,我依据自己对她女儿的评估和情况的了解做出了这样的回应。如果也有家长遇到类似的问题,我的建议是尽可能多地和孩子对话,确认他有极端想法之后,积极地寻求专业的保护和帮助。但不要因为害怕给孩子设立后果而让孩子总能用极端方式威胁家长。

你以为给的是"后果",其实是"奖励"

有一个妈妈,每次都来听我的直播,当她得知在与孩子立界限过程中非常重要的一环是给孩子确立后果时,她开始按照她自己的理解给8岁的儿子立界限。每次当她的儿子不听话或是做错事时,她就让孩子回自己的房间。

直到有一天,她非常苦恼地来找我,说:"吉祥老师,为什么我试着给他后果,可是他完全不在意后果,也丝毫没有改变呢?"

我没有直接给出答案,而是问了她一个问题:"你的孩子平时很活泼,很喜欢和别人一起玩吗"?

这位妈妈回答道:"不是,他平时喜欢一个人自己玩"。

根源找到了。原来,这个妈妈以为自己是在给孩子"后果",但其实她是在给孩子"奖励"。这个孩子喜欢独处,每次犯错后,妈妈就会让他到自己的房间独自待着。这对他来说,不是奖励又是什么呢?

你有没有做过类似的事情,你的孩子对你设立的后果毫不在意,你的配偶对你设立的后果嗤之以鼻,以至于最后你把自己搞得灰头土脸,陷入被动和尴尬。或者,你给出一个后果,是自己根本做不到的,但你一怒之下就说了,当对方发现你无法执行你自己给出的后果时,他就知道你的界限不堪一击。有一个学员,他的儿子有一次在家里发脾气,不停地跺脚、摔门、尖叫,于是他对儿子说:"如果你再尖叫,我就把你从楼上扔下去。"可想而知,这样的后果,大概率不会发生,他的儿子也明白,爸爸说的话不算数,他给出的后果形同虚设,所以不必在意他的界限。

如果没有搞清楚怎样设定一个后果才有效,那么你设立的界限可能毫无用处。

如何设立有效的后果?

想要设立一个有效的后果,需要遵循四个前提。

第一个前提:后果一定得是可以实施的。如果是不能实施的,就不构成一个后果。比如一个爸爸跟他的孩子说:"如果你再哭闹,我就把你从楼上扔下去。"我们都知道这是不可能的,他只是在吓唬孩子。但是,这样做只会教会孩子一件事情——以后可以不用遵守父母设立的界限,因为他们说的后果不会发生。这是在告诉孩子,我们所说的因果关系是假的。所以,如果以后我们再告诉他"你现在不好好学习,以后找不到好的工作",他也不会相信。

第二个前提:后果一定是对方可以承受的。如果是对方不能承受的,那么很有可能实施不了,或者你真的那样去做了,你将承受一个更可怕的结果。比如,假如你跟孩子讲"如果你再偷东西,我就把你的手指砍掉",如果你这样说了,但是做不到,那就违反了第一个前提。但如果你确实按照你说的做了,真把他的手指砍掉了,这个后果是你和孩子都无法承受的。所以,这就再次提醒我们,不能因为自己生气到极点,就随便说一个非常严重的后果。

第三个前提:后果一旦设立,就一定要执行。对方再痛苦,我们再心软,都要让他来承担。当然,我们在下文中也会讲到要给予补偿的机会,特别是对孩子。因为我们要让孩子知道,做错事以后他是可以补偿的,这是很重要的一项能力。这样他才不会"破罐子破摔",不会就此放任。但是,就算我们给他补偿的机会,也不能取消自己先前设定的后果。

第四个前提：后果需要事先说明，如果你没有事先说明，事后就不应该按照你心里想的后果去实施。所以，给出后果这件事要养成习惯。比如，我们告诉孩子不能偷东西的时候，我们就要告诉他，如果这样做会有什么后果。比如，可以告诉孩子，如果他偷了东西，妈妈会把他带回去，让他自己去还；下一次，如果他再偷，被发现了，按照校规会被停学，或者会被警察带走审问；等等。我们在平时聊天的时候，就可以把界限背后的后果先说出来，让对方能够一清二楚。

有了这四个前提，我们还需要按照既定的步骤来设立后果。如果没有这些步骤，我们所给出的后果会让人不服气。

第一步，我们需要进行观察和描述。举个例子，比如有位朋友有迟到的习惯，我们可以平静而详细地描述我们的观察："我注意到我们过去的五次约会里，有四次你都迟到了，每一次迟到差不多都是半个小时。今天你又迟到了。"这是我们观察到的事实。我们可以继续描述："你每次都跟我说是因为堵车，或者你临时有事情。"我们把我们所看到的，客观地、不带感情色彩地描述出来。

第二步，我们要提出要求。我们不但要告知对方他不能怎样，也要告诉对方我们希望他怎么做，这一点非常重要。比如，对迟到的朋友，可以这样说："我希望你以后跟我约会时不要再迟到，如果你再迟到，我就不等你，自己先点菜吃了。"

第三步，给予相关联的后果。上面的例子里，其实我已经习惯性地带上了一个后果。这里有一个非常重要的概念，那就是后果一定要和这件事本身相关联。我们不能因为孩子考试没考好就把他的手机没收了，或者因为孩子考试没有考好就不让他出门。同样，妻子不能因为丈夫回家晚了，第二天就不给他饭吃。这些都是非常不明智的做法，因为这两件事之间没有任何关联。如果丈夫说好了晚上 8 点回家，结果却 10 点才回来，那么与之相关联的后果应该是，下一次他这样，你就不等他吃晚饭了。

最后，后果分成两种，我们可以根据具体的情景给出相应的选择。

第一种叫自然后果。

什么是自然后果？自然后果就是一件事情发生以后，自然会产生的结果。比如说偷东西会被抓，玩手机会耽误学习，不做作业会被老师批评，一直花钱去买东西家里就会没有积蓄甚至会有负债，这些都是自然后果。再比如，如果你不会开车还非要开车，那么出车祸是迟早的事情。这就是一种自然后果。

这里需要注意的是，自然后果不是我们不做任何事情就自然会发生的，有时候会需要我们有所作为。有些人误以为自然后果就是和我们没有关系了，我们不用管，其实不是这样。比如，年龄比较小的孩子发脾气时喜欢扔玩具，这时我们可以给出一个自然后果——你再扔玩具，玩具就不跟你玩了哦！玩具当然不会自己走开，我们需要把玩具收起来，但这仍然是孩子扔玩具的一个自然后果。

在婚姻关系中，对方如果出轨，我们需要决定是否要离婚。尽管离婚这个后果需要我们主动做出决定，但它依然是一方出轨的自然后果。

第二种叫创造的后果。

跟自然后果相对的一种后果，是我们创造出来的后果。当我们给出后果时，除了自然后果外，我们还可以创造后果。

亲子教养中，很多父母都会有种无力感。有人告诉我，他的孩子沉迷于网络不写作业，他已经收走了孩子所有的电子产品，可他还是不写作业，父母不知道还能给他什么后果。在解决这个问题之前，我想先说说父母的这种无力感，可能源于以下几方面原因。

第一，孩子从小就被父母粗暴对待，以至于孩子长大以后，父母拿他没办法。有很多父母在情绪管理上有很大的问题，一不高兴就发脾气，还会使用各种威逼利诱的手段。孩子还小的时候，他无力反抗，所以只能听父母的，因为他如果不听，就会受到惩罚。

第二，很多父母在孩子小的时候没有抓住机会训练他们，那时孩子还没有那么叛逆，但错过训练的机会，最后吃亏的还是家长。有的家长为了图省事、舒服，让双方父母帮忙带孩子，自己的工作看上去风生水起，晚上回家就刷刷抖音，看看电视，或者做一些自己的事情。如果家长不在孩子小的时候花时间教养孩子，等孩子长大了再教养就来不及了。而且之后所投入的时间、精力只会更多。

第三，家长在亲子教养方面不愿意花时间学习。很多家长跟我说自己是想学习的，但实在太累，想要放松。是的，你可以选择完全放松。但是你有没有想过，当孩子大了，叛逆了，晚上他不回家的时候，你该如何放松？或是他回到家就跟你吵架，你那时精力、体力都不行的时候，你还得跟他耗着，每件事情都要操心，你还如何放松？

所以，父母如果觉得对孩子无计可施，其实也体现了"种什么，收什么"这条原则。我想鼓励所有的父母，虽然孩子小的时候教养他们很累，但我们无论如何都不能放任不管。

其实我们真的是有潜力的。拿我自己来说，我有两个孩子，需要一边工作一边带娃，在孩子4岁之前甚至到现在，我们都没有找人帮忙带孩子。除此以外，我还要继续读书，深入研究儿童成长方面的内容。说实话，真的很辛苦。但是，只要从小教养好孩子，我们就发现孩子越带越顺。你花的所有时间成本、经济成本，都不会白费，在将来的某个时候总会结出果实。现在虽然辛苦一点，但等孩子长大以后，你会庆幸还好自己当时花时间陪孩子、教养好了孩子。

现在，我们回到那个孩子沉迷网络让父母很无力的案例。其实，每当我们开始感觉无力的时候，都是一次让我们学习创造后果的机会。上面讲到的孩子沉迷电子设备，父母收走这些产品，但他仍然不做作业的例子。这时，父母可以创造一个后果。比如，我把你所有的电子设备全部没收，如果你回家后可以按时把作业做完，那么我就会给你半个小时的时间来玩你想玩的任何电子设备。如果一个星期内，你每天都按时把作业做完，那么我可以把玩电子设备的时间增加到一个小时。而且，周末我可以再给你半天时间自由活动，你可以选择打游戏。这时，我们就从单单把孩子的手机拿走，变成了给他重新可以玩的机会。我们创造了后果。

孩子的感觉会有什么不同呢？他现在有了一个机会，可以主动地把手机"拿"回来。当然，如果他因为玩手机又没有完成作业，我们该怎么处理？那么他将再一次失去这玩半个小时手机的机会。孩子可能会有反复，我们不用介意，我们要反复地让孩子经历，他有可能会失去，也有可能会获得，这取决于他的选择。这样，我们便人为地创造了一个后果。

再举个例子，在夫妻关系中，如果你的丈夫跟你吵架，拿着枕头去另外一个房间睡了，根本不理你。这个时候你要怎么办？很多时候我们没有办法。我们不可能和他一样，也从这个房间离开。所以，我们有时候就会选择不和对方说话来作为后果。但是你有没有想过，他到另外一个房间去睡觉，就是因为跟你有矛盾，你以不理他来回应他，并不是一个自然后果，而是更像一种惩罚。但是，我们大部分人都会这么做。

其实，在这种情况下，我们也可以创造一个后果。妻子可以设立一个后果：接下来的一个星期都不要让丈夫回自己床上来睡。因为要让他知道这张床不是一个你想来就来、想走就走的地方。这是我们创造出来的后果。

再强调一下，在创造后果的时候我们需要动脑筋。后果不是我拿走你的什么东西，或者是我强加给你的什么东西，当我们在给别人施加后果的时候，不要让他觉得自己是被迫接受的，而是要让他知道这是他主动选择的结果。

记得要给予补偿的机会，关系才会更好

我再一次重申，我们建立界限是为了建立更好的关系，而不是为了破坏关系。所以，设立后果的目的不是报复对方或者让关系变糟糕，而是保护我们的关系。我们希望对方知道，如果他做某事，就要承担某种后果。为了避免关系破裂，我们要一起来保护，而他也要尽自己的责任。

但人总会有做错的时候，会有不小心越界的时候。如果每一次一越界，我们就卡得死死的，那么肯定影响双方关系。因为人的改变是需要一些时间的，我们需要给人补偿的机会。比如，对孩子而言，我们需要的是帮助孩子学习判断什么是错的、什么是对的，而不是惩罚孩子。所以我们要给孩子补偿的机会，让孩子通过补偿来学习。

比如，某先生一生气就会骂太太，太太之前告诉过他："生气的时候不可以乱骂我，如果骂了，我一周不会和你说话，也不会和你一起吃饭。"（注意，这个后果一定是先生不喜欢的，如果某先生巴不得不和太太说话，不和太太吃饭，那么就要另换一个后果。）因为骂人后会使关系破裂，这是一个自然后果。那么，如何让某先生来补偿呢？太太可以告诉他："如果你在 24 小时内向我真诚地道歉，且我愿意接受你的道歉，那么可以缩短到 3 天不说话。"当某先生有一次很生气却没有骂人时，要适时给予鼓励和肯定。

给予补偿的机会很重要。每一段关系中，如果没有补偿机会的话，关系是非常难维系下去的。所以，在亲子关系、夫妻关系、同事

关系中，我们都要给对方补偿的机会。但是，需要注意的是，给补偿机会不意味着我们可以打破自己的界限。界限还是要坚持的。

比如，一个炎热的夏日，你告诉孩子要赶快吃冰激凌，否则就化了，这是一个自然后果。可是孩子不听，他继续玩，冰激凌果然化了，于是他就哇哇大哭起来。那么，如果你给他补偿的机会，是不是代表着你要再给他买一个冰激凌呢？不是的。如果他能配合做练习来补偿，那么当时虽然没有冰激凌吃了，但是可以给他吃一点冰葡萄什么的。用冰葡萄替代冰激凌，这并没有打破我们先前设定的界限。

在教养孩子的时候，如果我们总是以拿走孩子什么东西作为后果，其实这并不理想。在婚姻中也是如此，如果夫妻间发生矛盾，我认为最缺乏智慧的一个后果就是妻子拒绝跟丈夫过性生活。因为对方惹了我，我就不跟他亲热了，这是非常负面的，且很具有伤害性。这点我在后面会详细分享。而与这些消极的后果相对的是，要求对方采取补偿的行动。

关于本章所介绍的界限与后果的知识，我鼓励大家一定要多多练习。因为不管你有多少知识，最终我们只有把它运用出来才有效果。

第六章 失败的婚姻,很多源于"界限不明"

有时候，我们觉得相爱的两个人之间是不需要有界限的，不相爱的两个人才应该有界限。其实这种认知不对。事实上，越相爱越要有界限，越有界限就越能保护我们的婚姻，让我们可以在一个安全的婚姻里更好地相爱。

婚姻有界限，关系更稳定

很多人会问：婚姻也要有界限吗？答案是肯定的。

首先，界限提醒我们在婚姻里双方应该彼此尊重、彼此相爱，有自由去追逐自己的兴趣和理想，而不是被婚姻捆绑。

婚姻会不会在一定程度上限制我们？答案也是肯定的。但这需要本人愿意接受限制，而不是对方强迫。被强迫的限制和控制，都只会让人心生怨恨。例如，一位太太生了孩子以后想要工作，而先生和公婆对此七嘴八舌发表意见，说"都是当妈的人，就应该在家好好照顾孩子""既然生了孩子就要好好养"之类的话，这是非常没有界限的表现。这些话会让这位太太觉得，她不应该出去工作，应该在家全职照顾孩子。如果太太自己愿意在家照顾孩子，那没问题，但如果她因为丈夫和公婆的话而被迫在家照顾孩子，那么她在婚姻中是没有自由的，是很危险的。

其次，婚姻中的双方都需要界限来保护自己。界限可以帮助婚姻中的两个人知道什么是可以接受的，什么是不可以接受的。比如，配偶对我们施以精神暴力或者语言暴力，我们要很敏锐地意识到自己的界限被侵犯了，然后想办法来保护自己。但是如果一个人在婚姻中没有界限的话，他会允许对方不断地来侵犯自己，比如用语言来指责自己，把不该他承担的责任甩给自己，把不是他的错误归咎于自己，把与他无关的事推到自己身上。这样的话，这个婚姻关系就是不安全的关系，因为两个人在其中都没有得到保护。

我在团体辅导中遇到过很多这样的案例：某妻子被丈夫精神或者语言暴力，可是她仍然觉得，如果她做得更好一点，如果她能从其他的地方得到更多的爱，然后她就可以更多地爱她的丈夫，那么他的状况就会好一点，他的这种行为就会减少，他的抑郁症就会轻一点。

从这个例子可以看出，我们把对方应该负的责任揽到了自己身上，所以对方可以随心所欲地做他想做的事，因为他不会承担后果。我们之前强调"种什么，收什么"是立界限的一个原则，而在这个例子中，本来应该丈夫收的，却让妻子去收，所以丈夫永远不会改变。从某种程度讲，丈夫的这种精神问题反倒成了他的一个保护伞，使得他可做任何他想做的事情。对此，妻子一点办法都没有，还会一直不断地责备自己。所以，她会非常焦虑、抑郁。

现实中，我们和配偶的关系是非常亲密的，比我们与父母的关系更亲密，我们昼夜相处。当我们遇到这种情况的时候，我们本来应该是在一个安全的环境中经营彼此之间的关系，但是现在却处在一个非常危险的境地，而我们逃不出去。为什么逃不出去？因为如果没有界限，我们甚至不知道自己应该逃出去，我们也不认为自己有权利逃出去，所以我们就待在一个非常不安全的地方，然后一直被施以暴力、被虐待。这就是为什么很多女性被家暴，可是她们却离不开那个环境。

很多人不会敏锐地意识到自己的界限被侵犯了。进入婚姻以后，我们有时候会想：在刚开始谈恋爱的时候都好好的，那时他不敢使用语言暴力，后来为什么变了？因为那时对方还不知道你能不能接受他的言行，可是在相处的过程中，他慢慢知道你可以接受他所做的，他知道他可以这么说你，他可以把责任归咎于你，让你产生罪恶感。

仔细想一想：两个人刚谈恋爱的时候，对方会打你吗？不会。对方会批评你吗？不会。为什么？因为如果当时对方这样做，他知道你一定不会接纳，不会和他继续交往下去。比如，假设一个人对妻子施以家庭暴力，现在他出去重新结识一个女孩子，遇到同样的情况，他是不会对她动用暴力的。所以，不要觉得他控制不了情绪，正常情况下没有人是控制不了情绪的，之所以控制不了，是因为界限和后果不够严重。如果今天有个警察拿着枪对着他说"如果你继续对你的妻子实施家庭暴力,你会立刻被拘捕",你猜他能不能控制?一定是可以控制的。

最后,婚姻中之所以要有界限是因为夫妻双方都要在婚姻中负责任。

界限帮助夫妻双方明白各自在婚姻中的责任是什么,这样会减少角色的混乱和错误的罪疚感。我们在婚姻中要为自己的行为、选择、对彼此的态度以及我们的价值观等负责。

举个例子,如果有一个太太觉得丈夫不够体贴、对她很冷漠,但是自己却什么都不做,只是等着丈夫改变,那么,基本上她丈夫改变的可能性很小。丈夫有丈夫的责任,妻子也有妻子的责任。

丈夫对妻子有责任,比如他不能在外面拈花惹草,不能每天回来领子上有口红印,身上有香水味,因为这些会让妻子没有安全感。

但是,当这些丈夫都没有碰,如果妻子还是没有安全感,丈夫是不需要对妻子的情绪负责的。这时,妻子如果还是没有安全感,她需要去找朋友倾诉、寻求开导,或者找心理咨询师做专业的辅导。但妻子不可以找丈夫的麻烦,不能指责丈夫,说丈夫做得不够好所以导致她这样,因为这已经不在丈夫的责任范围之内了。

所以,界限可以让彼此分清楚,到底什么是我的责任,什么不是我的责任,否则角色就会混乱。

讲到角色混乱,我发现在很多家庭中,妻子像妈妈一样在管着家,而丈夫像一个叛逆的青少年,不仅要跟"妈妈"博弈,还要被"妈妈"照顾。我在婚姻辅导中见到很多这种角色混乱的情况,没有一个有好的结果。在我辅导的案例中，有丈夫出轨、妻子悲伤得不得了的。追溯一下他们的婚姻关系，就会发现这位妻子已经很多年都在做丈夫的"妈妈"了，只是自己不知道而已。究竟在哪些地方，这位妻子不知不觉扮演了"妈妈"的角色呢？比如，丈夫的袜子在哪里，他自己是不知道的，要来问"妈妈"，哦，不，妻子。再比如，妻子是家里经济收入的顶梁柱，丈夫却整天游手好闲，在家无所事事。丈夫需要的是一个妻子，他不需要一个"妈妈"，因为他已经有一个妈妈了。同样，如果丈夫的角色像"爸爸"，也是不健康的。如果我们在婚姻里的角色混乱了，我们没有办法维持健康正常的婚姻关系，这段婚姻迟早会出问题。

婚姻中缺乏界限的几种情况

婚姻中缺乏界限，往往是没有安全感的表现。

举个例子，你会经常看到一些年轻的夫妇，他们接电话往往两个人一起听，只要丈夫接电话，如果对方是女的，哪怕只是讲工作上的一些事情，妻子也一定要听。信息要透明，他们认为这是彼此之间相爱的一种表现，是彼此信任的表现。然而，事实上这恰恰是不信任的表现。当然，不是说一方不能看另一方的手机，而是说如果每一个电话都是这样，是不是多少反映出妻子心中的不安全感。

有一对夫妻到我这里来做辅导，丈夫的工作是有一些机密性的，所以他打工作电话时是不能被外人听见的，可是他妻子一定要听，因为跟她丈夫对接工作的是一位女性。那位女性是已婚的，跟她的丈夫也很恩爱。但这位妻子很没有安全感，所以她一定要旁听。丈夫一直跟她解释她不能听的原因，但越不让她听，她就越觉得丈夫有问题，所以两个人的矛盾一直不断，关系非常紧张。我们可以看到，他们在婚姻中就缺乏界限。

以下几种婚姻缺乏界限的情况，你看看是不是很熟悉。

情况一：邓先生和他的红颜知己搞暧昧。

邓先生一直和外面的女性搞暧昧。要说他出轨，他身体没有出轨；要说他没出轨，他又花了心思在某个女人身上，经常讲一些比较暧昧的话。他的妻子小玉从第一次发现后就大吵大闹，威胁丈夫要离婚、要自杀。但他们的婚姻一直勉强维持着。小玉发现丈夫的心思不在自己身上后，非常痛苦，于是她办了几万元的健身卡，又办了几万元的美容卡，想要从头到尾地改变自己，只差去整形了。她以为用各种方法改变自己，就可以挽回丈夫的心。可是邓先生仍然和外面的人搞暧昧，每次小玉受不了的时候他就哄哄她，事情就过去了。

情况二：王律师总爱批评他的太太。

王律师是当地一家知名律所的合伙人，他在家里动不动就批评自己的妻子，不管妻子做什么都要批评她。比如，他觉得妻子很胖。王太太身高1.68米，体重105斤。其实按照标准来说，王太太一点儿都不胖，但是王律师就喜欢批评她胖。而且，因为王太太一直在家里照顾孩子，王律师还嫌她没见过世面。除此以外，他还会指责王太太皮肤不好，就连在性生活的时候，他都会骄纵地对妻子说："我可以对你为所欲为，只要我高兴。"在王律师看来，妻子在这个家里的价值就是伺候他，让他开心，照顾好孩子和家里的方方面面。

情况三：购物狂张太太总是疯狂买买买。

张太太家境并不富裕，她的先生很努力地赚钱养家。张太太在家带孩子，但是她有一个问题，就是不停买买买。比如说她照顾孩子照顾累了，她就开始买东西。她躺到床上睡觉前又开始买东西。所以，原本他们有换房的计划，可是这个计划只能一拖再拖。张先生工作越来越努力，赚的钱也确实越来越多，但是家里的存款并没有因此增加。他每一次和太太说起这个事情的时候，太太就会说："你每天都忙着赚钱，我自己一个人带孩子那么辛苦，我只有花钱才能消解心中的郁闷。"

以上三种情况，都是在婚姻里没有界限的典型表现。实际生活中，我们都遇到过或者是听到过类似的情况。我在做婚姻辅导的时候，也遇到过很多类似的案例。

婚姻中如果没有界限，并且长时间如此，就很容易发展成上述境况。

比如第一个案例，邓先生之所以可以一直跟其他女人搞暧昧，是因为妻子小玉一直都在用自己的方式与丈夫博弈，可是她并没有给丈夫设立界限，也没有给出后果。当第一次发现丈夫跟其他女人搞暧昧时，小玉的表现是大吵大闹，威胁丈夫要离婚、要自杀，后来被丈夫哄了几句，就不了了之。后来小玉开始健身，通过美容来改变自己,想要挽回丈夫的心。

然而,这些做法都没有切中要害。前面我们讲过,怎样给对方立界限?首先,我要提出我的要求;其次,我还要告诉对方,如果对方做不到,那后果是什么。这才叫立界限。虽然小玉很努力地去改变自己,但是自始至终,她都没有明确地提出需要对方如何回应,她没有对丈夫提出要求,也没有给丈夫设立后果。

王律师和王太太的例子也是一样。为什么王律师敢这样批评王太太,敢定义王太太的价值?可能是因为王太太从来没有告诉过丈夫:你不可以这样做,我不允许你这样对我说话,你需要尊重我。她从来就没有制止过他。为什么王太太从不制止王律师不断地贬低她?原因有很多。比如,王太太可能有自我认知的障碍,她内心可能真的相信,听从丈夫、相夫教子、做个贤妻良母就是自己真正的价值所在。然而,她不明白婚姻当中也要设立界限。

假如王律师是我的先生,我是绝对不会允许他这样批评我的,而且我相信他也不敢这样对我。通过前面的章节,我们知道设立后果后,就一定要执行。所以我们给对方设立的后果,一定是能落地实施的。像"你如果敢批评我,我就跟你离婚"这种后果,是很难实施的。如果他下一次又批评你了,恐怕你一时半会儿也做不到狠下心跟他离婚。

张太太的例子也是一样。张先生明知道张太太的做法不妥,却没有对张太太设立后果。因为张先生心里有愧疚感,他看到张太太每天那么辛苦带孩子,把孩子带得那么好,他也没有时间陪张太太,那她要花一点钱就花吧。他就用这样的想法来安慰自己,而他的太太就继续不停地花钱,他们家里很多大的计划就只能因为存不下钱而搁置,时间长了,张先生难免对张太太有怨恨。

所以,如果我们想要高质量的婚姻关系,就需要学会立界限。

有界限的婚姻,彼此支持又独立

在失败的婚姻中,往往存在两种不健康的类型,下面我们来看一看。

第一种叫作失去自我型。失去自我型是什么意思呢?简单说,失去自我的人会认为:我的需要不重要,我的想法也不重要,我的价值和存在都是依附于你的。就像前面案例中的王太太一样,完全为了配偶而活。如图 6-1 所示,我不重要,"我"被缩小了,配偶几乎把我整个覆盖了,我的生活都是围绕着配偶转。

图 6-1

这种情况在一些比较传统的家庭比较常见。现在一些落后地方仍存在这样的习俗,妻子把丈夫当成天,妻子连上桌吃饭都不行。丈夫是家里最重要的人，丈夫喜欢的事情妻子就得去做，不喜欢的事情妻子不敢做。而妻子自己是没有想法的，她的决定也不重要，她必须按照丈夫的决定去做。所以，妻子失去了自我。

第二种叫作太过独立型。如图 6-2 所示，两个人分得很开，虽然他们已经结婚了，但是他们每天都不知道对方吃了什么，也不知道对方在玩什么、跟谁玩，也不知道对方有没有出轨。

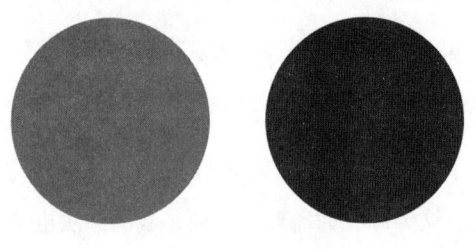

图 6-2

这种情况下的婚姻，最常见的状态是双方在生活和情感上完全独立。如果夫妻双方分居很多年，就很容易出现这种情况。所以，如果你和配偶处在分居的情况下，要非常小心，因为这很危险。或者，虽然你们没有分居，还是住在一起，但是对方回来的时候你已经睡着了，对方醒的时候你早就已经去上班了。

然后你发现，你和配偶躺在床上，两个人互相也不聊天，就是各自玩手机。就算说话，也只是说一些要处理的日常事务，比如车子要去加油了、孩子学费要交了之类的。

总之，你会觉得，有没有配偶好像都没关系。反正你们在生活上和情感上完全独立，而不是互相依靠，夫妻就像室友一样。这种婚姻从表面看有界限，但其实并没有界限。或者说，这种界限充其量只能算是室友之间的界限，而不是婚姻关系中应有的界限。

那么，有界限的婚姻是什么样的呢？从图 6-3 我们可以看到，在有界限的婚姻中，一个人会跟他的配偶有共同的地方，比如共同的兴趣和爱好，此外，两个人在情感上是彼此联结的。两人既有重合的地方，同时又平等地保持了自己的那一部分独立。

图 6-3

在有界限的婚姻中，双方会花很多的精力在共同喜欢做的事情上，比如一起去选东西、一起去搭乐高、一起去帮助别人等。在有界限的婚姻中，即便双方意见不同，两个人仍然愿意主动去了解对方的想法和观点——哪怕我不认同你，但是我愿意听你讲。同时，双方都认可的原则是：如果你不同意我的观点也没关系，你不是一定得同意。同时，在有界限的婚姻中，两人会在精神上彼此支持——你支持我，我也在你需要的时候支持你。图中两个圆圈叠加的部分，就是两个人彼此支持的部分。有界限的婚姻绝对不是你过你的、我过我的，而是彼此支持、相互依靠。

所以，当听到身边有人说他们要分居一段时间或者丈夫经常出差很久,我都很难想象。如果让我离开我的先生,我不太敢想。这不是说离开他我就不能生活,而是很难想象,一旦离开他,我的生活会是怎样地割裂。在有健康界限的婚姻中,一方面,我们仍然拥有独立生活的能力,也有各自独立的空间,另一方面,我们不能忍受或不喜欢失去彼此的生活。这种状态是比较健康的。

如何为婚姻立界限?

那么,婚姻中应当设立哪些界限呢?

首先,在婚姻中要有角色的界限。

我们需要将双方在婚姻中的角色讲清楚,而不是看清却不说明。每个人的特长是不一样的,所以我们要按照我们的特长来分配角色,而不是说男人就要做这个,女人就得干那个。比如说,我的先生在房地产领域很厉害,因为他之前曾帮助他的父亲打理,所以买房的事情我可以给意见,但是最后决定要听他的。在这件事上我们两个说得很清楚,虽然我时不时地想要越界,想要让他最后听我的,可是我需要给自己设一个界限,告诉自己适可而止,因为知道他的决定更有可能是对的,而且我们已经商量好,这件事要听他的。而在育儿方面,我的先生可以有很多的想法、建议,我也会参考,但是我们两个也说好了,最后的决定权在我。我会听他的建议,是因为不管我是什么专家,我都只是孩子父母中的一半,他是另外一半,所以我不能说"你不如我专业，在这个问题上少管"。如果我这样讲，我就越界了。他会提建议，而我需要考虑，这种配合方式其实很好，因为很多时候我们的配偶会提供很多很好的建议，只是因为我们自己太焦虑了，时常会觉得对方的建议是行不通的，所以根本不给他机会，不允许他参与进来。

我们在前面已经反复说过，无论在什么关系中，立好界限，分配好角色，都有利于建立健康的关系。在婚姻关系中也是如此。

像上文提到的，有些妻子会扮演妈妈的角色，而扮演妈妈的妻子会事无巨细地照顾丈夫，甚至干涉丈夫的事情。很多妻子会很自豪地说，她丈夫从来不需要操心自己穿什么，因为都是她在管，她每天都会帮丈夫准备好衣服，而她的丈夫连自己的衣服放在哪里都不知道。妻子因此很得意，因为她认为这是她丈夫依靠她的表现。然而，这并不是一种健康的关系中应该出现的情形。为什么这么说呢？因为在婚姻中，丈夫是成年人，妻子也是。所以婚姻关系和亲子关系是不一样的。我可以提供意见，但是最后要让对方自己去管理好自己的个人事务。

比如我其实不太喜欢我的先生搭太多乐高，我家的柜子顶上一排全是我先生搭的乐高，地下室里还有很多。我的先生以前会问我，他可不可以买某款乐高，我就会告诉他："我不是你妈，这个问题不用问我，因为你也在赚钱，我也在赚钱，你有控制家里财务的能力和自由。"当然，很明显他买得太多了。但是我宁愿他买多，也不愿意自己像他妈妈一样管着他。

后来，我们就开始就此事设立界限，讨论他每年可以花多少钱购买乐高产品。我们共同制定了一个家庭经济预算，然后让他来规划，其中包括购买乐高的预算。为了对这个财务规划的角色负责，他会在买乐高的预算上给自己一个限制。这就是界限带来的益处。

其次，在婚姻中要有隐私的界限。

婚姻中还需要隐私吗？这个话题经常被拿出来讨论，在很多综艺节目上还会就这个话题发起辩论。比如，妻子该不该看丈夫的手机？在这个问题上，其实人和人的看法是不同的，有些人比另外一些人更看重隐私。

齐朗和雨馨是一对性格迥异的夫妇。妻子不是很看重隐私，脑子里想什么就说什么，而她丈夫是习惯把很多想法都留在心里的人。这就意味着，丈夫不说话的时候，或者他需要花更长的时间来处理这些信息的时候，他希望妻子不要给他压力，不要认为她那么坦诚，对方就需要和她一样。妻子自己什么都说，不代表丈夫也要什么都跟妻子说，因为婚姻中要有隐私的界限。

这里我想问一个问题：你知道配偶的手机密码、银行卡密码吗？其实，在这个问题上并不存在一个正确答案。重要的是，不管你做什么样的选择，你选择要或不要知道对方的密码，你们双方都应该清楚地把隐私的界限立好。比如，我有你的手机密码，但是我们之间就此立好界限，我只在紧急情况时才会打开，绝不会平时随意打开。银行卡的密码也是一样的，你们需要讨论并设立界限。

再次，在婚姻中还需要时间的界限。

比如，丈夫下班回家需要一些自己的时间，那么妻子可以允许他先休息半个小时，或者让他先去洗个澡。再比如，如果丈夫习惯早睡，晚上10点睡觉，而妻子习惯晚睡，要到凌晨2点才睡，那么两人就可以找一个彼此都能接受的时间睡觉，比如可以一起坐下来，商量是否可以调整到晚上11:30睡。又比如，除了紧急情况以外，对方工作的时候不要去打扰，等等。这些都是婚姻中需要在时间上设立的界限。

在这个方面，夫妻双方都要退让、磨合。磨合不是磨到最后放任自流，而是从一开始你有你的习惯、我有我的习惯，可是渐渐我们要一起把它们变成两个人共同的习惯，把我们各自的文化变成属于我们双方的第三种文化。

我认识的一对夫妇就经历过这个过程。他们夫妻是双职工，妻子在工作时间上比较灵活，所以回到家就很想跟丈夫聊天，说说一天发生的事情。而丈夫是做生意的，他一回到家只想拥有一些属于自己的时间，先洗个澡，然后在书房坐上20分钟。可是这个时候，妻子常常会抱着孩子进去跟他聊天。遇到这种情况，丈夫有时就会发脾气。当他们来找我做婚姻辅导的时候，我帮助他们制定了时间界限：丈夫回家后的半个小时是属于自己的，跟妻子和孩子打了招呼以后，他就可以到地下室自由活动。这段时间他要定好闹钟，半个小时以后，妻子不用催他，他自己就会上来。这样制定界限之后，双方都很高兴。因为妻子知道，丈夫休息之后，就会来和家人拥抱、聊天、陪孩子，她就觉得很有安全感；而丈夫也很有安全感，因为他知道回到家后,他有不被打扰的休息时间,在这半个小时里他可以完全放松,不需要跟谁说话,可以好好调整自己。

在这里,我们再次看到,界限不会让关系疏离,而是让关系更亲密,因为它会让双方都更有安全感。

最后,在婚姻中需要有情绪的界限。

情绪上的界限很重要。我们设立情绪界限,是想告诉对方:我希望你怎么对待我。每个人都有自己的情绪敏感点,比如我特别不能忍受别人翻白眼。也许是因为我小时候经历过这方面的创伤,所以每当我先生翻白眼,我就容易情绪失控,于是我告诉他:"不管怎么样,我不希望你在我面前翻白眼。"而我的先生是绝对不允许我破口大骂的,所以他对我立的界限是不准我在跟他吵架时破口大骂、说侮辱他的话。要设立情绪界限,我们要非常清楚自己的敏感点。作为一个成年人,我们不仅需要知道自己的敏感点,而且要事先告知对方。比如:我做错事你可以批评我,但你不可以当着朋友的面嘲笑我、讽刺我;还有,我们怎么吵架都不能提离婚,但是只要你有外遇或者家庭暴力,我就可以提出离婚。这些是我和我先生之间的情绪界限,我们会先讲清楚界限在哪里,后果是什么,以防止这些情况发生。情绪上的界限会带给我们安全感。

情绪界限包含很多内容。比如,爱表示无条件地接纳对方,但并不代表对方可以要求我无条件地牺牲自己,来服务他、满足他。因此,这里就需要设立界限。

再比如忠诚。我们需要双方一起来定义何为"忠诚"。不忠是指身体上的出轨，还是也包括在网上与异性调情？我们怎样为忠诚立界限？对此，夫妻双方可以有不同的看法，但是我们一定要讨论。

再比如诚实。诚实可以让人在婚姻中更有安全感，不诚实会让人感到害怕、嫉妒、不信任、不被尊重。我们怎么来为诚实立界限？

又比如性。我们不想发生性关系的时候，可不可以不发生？

以上这些都需要我们去思考和设立界限。在婚姻中，一般我们会在某些方面做得很好，某些方面做得不好。你可以思考一下，在你们的关系中，哪些地方做得好，哪些地方做得不好。做得不好的地方，就拿出来和配偶一起商量、讨论。

根据本章内容，你们可以一起总结出需要更好地立界限的地方，并尝试设定界限。如果你们是刚刚开始学习设立界限，一般一次 3~5 条就好，以后可以慢慢增加和建立。如果你们已经很有界限意识，就可以稍微多加一些。

最后我想说，婚姻的重要性在当今时代真的被低估了，甚至被忽视了。我们低估了婚姻对我们情绪的影响，也严重低估了婚姻对孩子的影响。

我在团体辅导中做过很多期婚姻辅导。来参加辅导的人一般都是三十多岁、四十多岁或五十多岁的人，他们在回想起原生家庭的时候，还是会想到他们父母吵架、打架或者是冷战的样子。父母关系是否和谐，真的会深深影响孩子的情绪与认知。

我从来没有见到一个家庭，父母的婚姻是健康的，而他们的孩子却非常糟糕。当然，这个孩子有可能成绩不好，也有可能出点小问题，比如跟同学打架，但是他不会处在一个非常糟糕的状态，比如染上毒瘾，或是对家庭充满仇恨，或患有严重的心理疾病。所以当我们的婚姻幸福美好的时候，我们整个人的情绪也很健康，家庭关系也会比较和谐。

我衷心希望，每对夫妻、每个家庭，都可以因为有界限的保护而更加幸福。

第七章 和父母"划清界限",才能真正成人

与父母立界限一直是一个很沉重的话题，因为很多人不会也不愿意和父母立界限。对他们来说，这是一件很可怕的事情。有时我们不喜欢自己的父母，因为他们经常批评我们，做一些让我们觉得被冒犯的事情，可我们就是没有勇气和他们立界限。

　　我们对界限的认知从童年时候就可以被建立，如果我们成长于一个有界限的家庭，父母都有健康的界限意识，那么我们对界限的认知就能在成长过程中慢慢被建立起来。可是，遗憾的是，在大部分情况下，我们的原生家庭往往没有健康的界限，所以我们对界限的第一认知是非常混乱的。

原生家庭的三种类型

　　原生家庭可以分为三种类型：混乱型、疏远型和清晰型。

混乱型原生家庭

你可以把这样的家庭想象成一盘意大利面,各种酱、面和食材混在一起,家人之间基本没有独立性。每一个人都觉得自己要为其他家庭成员的情绪和行为负责,每一个人的情绪和行为也被其他家庭成员所影响。在这样的环境中,我们很难管理个人情绪。因为某个家庭成员做任何一件事,其他人都可以干预。

依然的丈夫有一个大家庭,所以当她怀孕的时候,因为她肚子里的孩子是家族第三代的第一个孩子,婆家的人甚至对买什么颜色的婴儿推车都发表了意见,每个人都选了不同的颜色,最后一家人通过投票决定了婴儿推车的颜色,并告诉依然的丈夫,丈夫又转告了她。对此,依然非常受不了,随之就引发了一系列的问题。我们可以想象,原生家庭如果是混乱型家庭,我们的生活会受到各方面的破坏,婚姻关系、亲子教养也会遇到很多麻烦。

疏远型原生家庭

这种类型的家庭也很常见。在这种类型的家庭中,家庭成员彼此之间的关系比较疏远,家里也不鼓励大家抒发情感或是进行精神交流,沟通时只讲事情或讨论问题本身。因此,如果你在这样的家庭长大,你可能会感觉记忆中爸爸、妈妈、兄弟姐妹都在,但就是想不起什么很温暖的场景。

混乱型家庭和疏远型家庭有可能是并存的,也就是说,家里成员彼此之间都觉得要为彼此的情绪负责,每个人之间的关系都比较混乱复杂,同时彼此之间又很疏远。遇到问题时一家人似乎能聚在一起讨论,但大家不会表达情感,除了讨论事情,基本没有交流。当这两种类型交叉混合时,就更可怕了。

清晰型原生家庭

这种家庭是有健康界限的家庭,也是最值得推崇的家庭类型。这种家庭的家庭成员之间既彼此关心,又尊重彼此的界限。每个家庭成员都知道,自己要为自己负责。这样的家庭允许每个人有不同的声音、想法、意见和行为方式,父母不会因为自己的愤怒而控制孩子,也不会把自己的愤怒发泄到孩子身上,更不会让孩子感到他要为父母的愤怒负责,从而产生罪疚感。在清晰的界限之下,家庭成员间拥有很好的情感联结,与此同时每个人依然是独立的个体。

这是理想中原生家庭的类型。

为什么跟父母立界限那么难?

在了解了三种原生家庭模式后,我们要分析一下:为什么和父母立界限那么难?

首先,我们已经形成了缺乏界限的"内在声音"。

小时候我们常常听见的那些话,都会直接或间接地成为我们的内在声音。随着年龄的增长,它们逐渐会成为一种潜意识。

李晟小时候如果走路摔倒了,他的爸爸就会劈头盖脸地把他打一顿,一边打一边说他怎么那么笨、那么蠢,责怪他走个路都会摔倒。结果他长大之后就用这些话来指责自己。在辅导过程中他分享,有一天他差一点又摔倒了,他立刻感觉很愤怒,认为自己是个笨蛋。当时他脑子里出现很多这样攻击自己的话,而正好在那段时间我让他记录他的内在声音,他就把这些记录了下来。

如果我们的原生家庭缺乏界限,我们从小经常听见一些越界的话,就会形成缺乏界限的内在声音。这种声音往往会让我们产生负罪感。比如,如果你小时候经常听到父母对你说"我们之所以不离婚,都是为了你",这样的话经过内化后,就会变成你自己的声音,你会为此持续地感到内疚、自责。又比如,父母离婚了,妈妈可能让你去找爸爸要生活费,但是要生活费本来应该是父母之间的事情,让孩子去承担就会带给孩子心理负担,并让家庭关系更为混乱。

你可能还会听到类似这样的一些话:

"你奶奶这种女人,又泼辣,又没有教养。"

"你是我生的,你洗澡我怎么不能进来?你是从我肚子里面出来的,你出来什么都没穿我都见过,你洗个澡还矫情什么?"

"我们家就指望你了,你要争气,你去学心理学,别人都以为你跟疯子打交道,我们的脸往哪里放。"

"我为你付出这么多,你这样做对得起我吗?"

……

这些话我们或多或少听过,随着时间的流逝,它们变成了我们的内在声音。当我们想要和父母立界限的时候,诸如此类的声音就会跳出来,让你自觉惭愧,觉得自己对不起父母,于是就不敢和他们立界限了。

其次,传统观念会阻碍我们与父母立界限。

在传统观念上,我们认为和父母立界限就是不孝,父母是长辈,我们怎么可以为难父母呢?其实这些传统的观念不完全正确。和父母立界限并不代表不孝。

我在团体辅导中会告诉大家,我们要清楚在原生家庭中我们究竟受了什么伤。有的人不能接受,他们觉得,原生家庭已经不能再改变了,为什么还要为难父母?这其实是一种误解。我们寻找原生家庭的问题,并不是要定罪我们的父母,而是要搞清楚:为什么我今天会有这些焦虑的情绪,会有这些不健康的行为?究竟是哪一个环节、哪一件事,让我有了这样一个倾向,我们只是为了更好地认识我们自己。

跟父母立界限也是一样,这并不是说我们要控诉他们,要和他们断绝关系。每次立界限都是为了梳理应该梳理的关系,包括我们与自己的关系、与配偶的关系、与孩子的关系,当然也包括与父母的关系。

而且,跟父母立界限,很多时候是对父母有益,恰恰是孝顺的表现。我跟我妈妈立好界限之后,如果我请她过来帮我带一下孩子,她说她要出去旅游,我也会同意。我不会让她觉得,她对不起我。我不会对她说:"许多人的父母都在帮着儿女带孩子,你怎么不过来帮我?"有界限表明我尊重她的选择。

反过来,不跟父母立界限,并不代表着孝顺。今天很多"啃老族",自己不挣钱,还挥霍父母的养老钱,这是没有界限的后果。很多人生了孩子,让孩子的爷爷奶奶、外公外婆带,使得长辈非常疲惫,而自己甩手出去玩、看电视、喝下午茶,这也是没有界限所致。难道这是孝顺吗?不是的。

对于"父母是长辈,我们不要为难长辈"的观点,我想强调,立界限从来都是我们自己的事情,我们并没有为难父母,但是我们要知道自己需要什么。所以,不要觉得立界限是要求我们的父母改变什么,其实他们可以选择不改变,我们也尊重他们的选择,只不过,我们也会给出相应的后果,因为我们不想被更多地伤害了。所以,我们并没有为难父母。

与此同时,我们也不能为难自己。为什么不能委屈自己?因为这样才能保持双方的关系健康且长久。现在我们常看到这样的情况:父母因为常说某些话伤害儿女,儿女很难受,但儿女既不能也不敢跟父母立界限,只好选择隐忍,忍到最后在某天突然爆发,用一种极其激烈的方式进行沟通,甚至大吵一架,两败俱伤;或者是,儿女用更隐蔽的方式发泄不满,比如,既然父母连怎么教孩子也要管,那干脆就让父母来教,反正最后累的是父母,自己乐得清闲。不跟父母立界限,一般会导致上述两种情况发生，事实上这对父母来说是更难受的。

如果你还是觉得跟父母立界限会伤害关系，那么，难道不跟父母立界限就不会伤害关系吗？我们看到当下社会中多少父母与子女的关系是纠缠不清的，身处其中的很多人都痛苦不堪。我记得有一篇热门文章——"父母在等孩子说谢谢，孩子在等父母道歉"，这在一定程度上反映出当下亲子关系的现状。这样的亲子关系伤痕累累。父母等不到一句"谢谢"，心里特别受伤，为什么呢？因为父母也不会提要求，不会直接说：我为你做了这么多事情，我希望你能够向我表达你的谢意，否则我就不会再帮你。父母会觉得不能那样说，因为自己的孩子，肯定是要无条件帮忙的。他们认为无条件的爱就代表无条件的牺牲，这其实是非常错误的观念。而对孩子而言，他会觉得父母有些言语伤害过他，应该跟他道歉，只不过他会觉得让父母道歉实在太不孝了，会让父母难堪，所以也没有说出来。于是，双方都把问题掩盖起来。看上去好像不说就没关系，但是我们如果不说，这个关系就会越来越扭曲。

再次，童年记忆让我们很难与父母立界限。

在童年记忆中，我们往往是幼小、软弱的。如果我们的父母不会立界限，也不同意立界限，当我们想要立界限的时候，我们会被伤得更深。所以，长大之后我们就会害怕立界限，更害怕与父母立界限，为什么？因为每当我们想要立界限的时候，记忆就会提醒我们：你以前立界限的时候受伤了，所以你不会成功，之后你会被伤害得更深。

前面我提到盼盼（FBI成员）的例子就是如此。童年的记忆深深地笼罩着她，所以每当她爸爸走近一步，她就仿佛回到小时候，呼吸变得急促，全身都是汗，非常害怕。童年的记忆会削弱我们现在的能力，哪怕我们现在已经有能力保护自己，童年的记忆也会挫伤我们的自信。

家庭暴力也是一样。你第一次反抗的记忆会控制你，告诉你：如果反抗，你会被打得更惨。所以逐渐地，我们就会形成习得性无助。我可以用一个实验来解释习得性无助：把一条鲨鱼放在一个很大的鱼缸里，然后再把鱼缸放入海洋，鲨鱼看到鱼缸外的海洋，试图游出去，但是它发现自己无法逃脱，于是很愤怒地撞击鱼缸。可是，多次尝试之后，它发现自己根本逃不出去。久而久之，它习惯了只在鱼缸这片水域里游。这时，实验人员悄悄地拿走了鱼缸，结果发现：这条鲨鱼明明已经可以自由地在海里游了，可是它仍然每次游到原来的边界就折返回来，不会继续往外游。因为过去的经验已经使它深深地"习得"了一件事：自己是无助的，是冲不过这条界限的。这就是习得性无助。

童年记忆对我们造成的影响也是一样的。我们已经"习得"了一件事：在面对我们父母的时候，我们是无力反抗的。但其实，那时我们是孩子，我们要依靠父母生活，所以我们无力反抗，现在我们已经独立生活了，那个"鱼缸"已经被拿掉了，我们却失去了反抗的信心。

再者，阻碍我们与父母立界限的是，我们知道什么是错的，可是我们不知道什么是对的。

很多人不喜欢父母对待自己的方式，但也没仔细想过应该怎么做才好，所以，当他们自己做父母时，他们会说"我绝对不要像我爸妈那样做父母"，但他们不知道到底应该怎样做父母。

那些曾经吃过父母棍棒的孩子，自己做了父母之后会认为绝不应当打孩子。当然，我虽觉得不随便打孩子是对的，但如果没有系统地学习，他们这么做只是因为他们不想像父母一样，这个动机和目的仍是错的。大部分情况下，这样反向操作会让我们走到另一个极端，变成只要是自己父母做的，我们就坚决不做，哪怕是对孩子的合理管教也会因为我们自己的"叛逆"而被忽略，最终仍然对孩子造成伤害。

比如，郑俊从小被家长打，所以，他自己有了儿子后，因为被过去过度管教的阴影笼罩，他走到另一个极端，坚决不管教自己的孩子，最多就是轻描淡写地说几句。结果，他的儿子在15岁那年和别人打架，打瞎了对方一只眼睛，被关进少管所。这就是为什么我一再说，我们不仅要知道什么是错的，还要知道什么是对的。

最后，担心引发不必要的麻烦也会阻拦我们与父母立界限。

很多孩子和父母之间的关系本来就是勉强维系，他们不想花更多时间和精力在维护和父母的关系上，所以努力做到维持平静就好。如果现在让他们跟父母立界限，他们就会害怕好不容易维持的平静关系再起波澜。

我一直觉得很遗憾的是，我们和父母本应彼此相爱，却因为没有处理好关系，常常落到一直想要逃离父母的地步。前面讲过，很多时候我们爱父母，但并不喜欢他们。爱是源于血缘关系，但是很可能我们一点儿都不喜欢父母,所以不能跟他们住在一起,或者不能长时间住在一起,时间长了我们彼此都受不了。

你有没有发现,每逢过年回家,刚回去的时候你会很高兴,但是住两天后就觉得不那么高兴了,恨不得赶紧回到自己的家。这是因为,我们既爱我们的父母,但是同时又不能长时间与他们在一起。我们脑海中可能有一些不好的回忆在提醒我们:不可以与父母长久亲近。因为我们没有与他们立界限,所以这样的关系对我们而言是危险的,我们没有安全感。他们还是可以任意地批评我们,随意评价我们的配偶、孩子,评价我们教育孩子的方法,甚至评价我们的工作、薪水、房子、车子。在这种情况下,我们自然想要远离他们。

如果我们一直让自己沉浸在表面平静的假象中,就没有办法来面对真相、拆掉错误的东西。这样,我们也没有办法重新建立一段我们真正想要的、健康的感情和关系。但如果我们选择建立界限,表面和谐的假象会被撕破,真正健康的关系就逐渐建立了。

下面这个案例可以很好地说明问题。案例中的母女关系表面上看起来挺好,但是到最后你会发现,她们自以为"好"的关系也只是假象,只要发生一点点冲突就会导致关系完全崩溃,彼此心里深藏多年的痛苦和积怨全都会浮出水面,这个关系其实已经千疮百孔了。

这段对话来自电视剧《以家人之名》,对话的双方是一对母女:

女儿:"妈,你能不能不要一直否定我?从小到大,除非我考第一名你才会给我肯定,其他时候你全在否定我,我吃饭点菜你否定我，我穿衣服你否定我，我工作，我上班，我谈恋爱，什么你都要否定我。"

母亲："我那是否定你吗？我那是为你好，关心你。"

女儿："我不需要。你这样的关心根本就不是我想要的。"

母亲："你有点良心，我为你辛辛苦苦地付出了这么多，我让你吃好穿好，我给你提供好的学习环境，你现在跟我说这都不是你想要的，不是你想要的，我问你的时候你干吗去了？"

女儿："你有问过我吗？你尊重过我的意见吗？你嘴巴上说的是民主，可是你本质上就是专制。"

母亲："当初你要搬到这来我就不该同意，你看看你现在，你跟这些好姐妹都学了什么？说谎，说大话，顶撞大人，你还喝酒。"

女儿："你说我就说我，说我朋友干吗？"

母亲："怎么了？我不能说吗？我说错了吗？你以前是这样吗？你明天就给我搬回家里去住，好好地准备你的公务员考试。"

女儿的朋友："阿姨别生气，生气时候说的话都不能当真的，冷静一点，冷静一点，你们都冷静一点。"

女儿："妈，你从来都不了解我，我本来就是这样的，我一直都是这样，我从小最擅长的就是撒谎。你一直想要一个乖女儿，你不让我干的事情，我在你背后，偷偷地我全干了，你知道为什么我高考比模拟考少考了五六十分吗？因为我故意少填了一张答题卡。"

母亲:"撒谎。"

女儿:"我当时没有别的办法了,因为我知道我只要分数够了,你一定让我报政法大学,所以我选择了最蠢的办法,我一定要当记者,我一定要去北京,我一定要去外面看看世界,我一定要去摔跟头,我一定要去吃苦,我要看看我自己到底能奔成什么样子,我不会再听你的话了。"

从上面的案例我们可以看出,这真的是非常遗憾的一件事。这个家庭因为界限的缺失,孩子为了反抗和逃避她的妈妈,不惜在高考的时候少填一张答题卡,做了这么大一件可能会改变自己命运的事情。这就是没有界限的危害。希望这样的遗憾不会发生在我们的身上,不会发生在我们的下一代身上。

如何与父母立界限?

现在,我们知道了跟父母立界限十分艰难的原因。这些阻挡我们立界限的原因都是非常真实的,也是很可怕的。但是,按照以下几个步骤来,我相信你是能够跟父母立好健康界限的。

第一,要梳理界限。

简单说,梳理界限是指我们先要搞清楚我们的父母在哪些地方越界，这样我们就知道在哪些地方重新建立界限。每一个家庭中父母越界的地方都不一样，但是大致包括以下几个方面：

在语言上，父母很容易越界，比如说话不尊重孩子，一见面就批评孩子这儿不好、那儿不好。前面讲过，我妈妈以前一到我们家，刚进门，一边脱鞋一边就开始批评。她可能是心疼我，也可能是习惯了这样跟我说话。她看不到我们家房子很漂亮，装修得很漂亮，里面的沙发也很漂亮……她满眼都是不好的地方。这是习惯性越界。一个人来到别人家来，一直说别人家不好，这是越界的行为。

结婚之后，很多人为什么处理不好婆媳关系？因为很多婆婆会介入小夫妻的关系，打扰小夫妻的生活。你会不会把自己家的钥匙给公婆或是自己父母？如果给了，意味着他们可以随时随意进出你的家。我想说的是，除非他们和你们住一起，否则尽量不要给钥匙。你如果要放备用钥匙，宁可放在朋友家，都不要放在父母家。因为朋友基本上不会突然进入你家，但父母有可能会。不打招呼就登门，是越界的行为。两口子吵架，父母就总是想说两句，这也是越界。

在育儿方面，有许多父母会越界来教自己的儿女怎样带孙子孙女。不同的教育理念常引发矛盾。如果你天天让父母来帮你带孩子，好像他们才是你孩子的父母一样，那么，当你告诉他们要尊重你的界限，他们就会很难接受。所以，立界限是要付出代价的，不要以为可以坐享其成。很多人既希望自己的父母像传统的中国式父母那样为他们牺牲一切，又希望父母像西方父母那样让他们更独立，但这两者不可能兼顾，所以每个人都需要做出选择——如果你选择要一个健康的家庭，那么你一定要在家里立好界限，且要付出代价，你自己可能会很辛苦。

在经济方面，我们容易允许父母越界。比如，我们要买房子，可能会找他们要钱。但是，经济上如果不独立，我们就很难与父母划清界限，所谓"拿人手短，吃人嘴软"，经济独立才是真正的独立。所以，如果我们要立界限，在这些方面一定要划分清楚。

我和我先生在经济和育儿方面达成的一致是：我们的经济能够承担多少，就做多少事情，不向父母伸手；孩子我们自己带，不要父母帮忙。这样，当公公婆婆跟我们说怎么带孩子的时候，我的先生会告诉他们："谢谢你们的好意，这些事情我们自己知道怎么处理，你们不用管。"我们有底气讲这话。相比因为没有界限而带来的纠纷和痛苦，自己带孩子的辛苦完全是值得的。

以上这几个方面都是父母比较容易越界的地方。

第二，要梳理我们的原生家庭。

在心理学领域有一个词可以用于描述家庭关系，叫三角关系。也就是说，父母中的一方常常会对孩子说另一方的坏话，或者是把孩子扯进父母的矛盾中。比如，母亲对孩子说："你去找你爸要生活费！"或者是："你爸这个人，坏得很！"诸如此类，原本都是两个成年人之间的事情，结果把孩子扯进来了，就形成了三角关系。

我想请你思考以下三个问题，以帮助你梳理原生家庭。

问题1：我们家最大的界限问题是什么？

问题2：有多少人参与到这个界限问题中来了？

问题3：我在其中扮演了什么样的角色？

第三，挑战内在声音。

前面讲过，那些让你觉得自己非常有罪疚感的声音，会让你无法迈出与父母立界限的第一步。这种情况下我们怎么办？不妨试试以下几个办法：

第一个办法：事实检验。

所谓事实检验，就是分辨这些内在声音是否对。比如，如果你的内在声音告诉你：你很无助，你做不了什么，你抵抗只会被打得更惨。这时你可以反问：我还像小的时候那么无助吗？如果现在我说小的时候说过的那句话，比如，我现在跟爸爸说"不要打妈妈了"，我还会像小时候那样被伤害吗？也许小时候说了这句话，爸爸转手过来就给了你一记耳光，然后继续打妈妈。当时你"习得"的是：如果我要立界限，我是会被打的。可是现在，如果你再说这句话，他还敢反手给你一记耳光吗？或者说，如果他还要打你，你是像小时候那样被打，还是你可以抓住他的手、不允许他再打你？你看，你现在完全有力量抵抗了。这是在挑战我们内在的声音。

第二个办法：寻找界限的榜样。

你可以找身边一些年长的朋友或者很有界限感的朋友，一起来做角色扮演练习。这在心理辅导中也是很重要的方法和工具，我经常和我的学员做角色扮演练习。

杨刚每年回家都很痛苦，因为他的父母控制欲非常强。他已经很大了，可是父母还是喜欢控制他。他一直想要与他们立界限，可是不知道该怎么办。所以，我们在感恩节前两个月，就开始反复做角色扮演练习。每一次辅导，我们只做一件事情，就是角色练习：他扮演他母亲，模仿他妈妈平时说话的样子跟我说一句话，而我扮演他，回他一句话，然后他就能明白界限原来可以这样立起来，他就从我身上学习怎么立界限。从我们的互动中，他学会了建立健康界限的方式，这是他以前不熟悉、不知道的。在这个方式中，他用新的、有界限的对话沟通方式覆盖了旧的、没有界限的恐惧记忆。

有时候，我们也会交换角色进行练习。我扮演他的妈妈，然后跟他说一些控制欲很强、会让他产生罪恶感的话，他来练习怎么回应。有时他会说："不对，等一下，这个回应不好，我要重新来。"角色扮演练习会给他很多试错的机会，他可以反复修改，直到把对话练习到最好、最合适状态，这个记忆就会渐渐固化，下一次遇到类似的情况就知道怎么回应了。

第三个办法：建立起安全的团体。

我建议你从身边挑选几个不会论断你的行为，并且能够理解你、愿意支持你的人。告诉他们，你在练习立界限，需要这样的一个群体来支持、接纳你，帮助你做练习。因为在设立界限的时候，有可能你会很痛苦，有可能不是所有人都能接受。在这种情况下，你就可以退到安全的团体里去疗伤。比如，你今天立界限失败了，很沮丧，这时候你可以回到这个安全团体里，让大家来帮助你、安慰你、鼓励你、支持你。

安全的团体是非常重要且必要的。有时候我选择用团体辅导的形式，也是出于这个原因——让一群人一起来分享、倾诉、疗愈、成长。最后要结束的时候，大家都舍不得分开，因为这个团体变成了他们的安全港湾。

我记得很清楚，某期团体辅导中的一个成员，她是中国一所知名大学的老师。她的妈妈是一个极度强势的女人，从小就不准她顶嘴，很多时候她明明是被妈妈误会，想要替自己发声，但她妈妈会生气地说："不准狡辩。"就这样，她为自己说话的勇气被妈妈夺走了。在我的团体共进营里，她和大家分享了这一点，群里一下炸了锅，纷纷支持她和妈妈立界限。在大家一同打气后，她终于鼓起勇气告诉妈妈："我有说话的权利，更有解释清楚的权利，你没有资格要求我放弃我的权利，我不允许以后我为自己说话时你总是压制我。"令人惊讶的是，她原本以为场面会很尴尬，但是当她站起来立界限时，她很顺利地就把当初被夺走的勇气夺了回来。

最后，我还是鼓励你，读完这一章内容后，一定要鼓起勇气去练习。越练习就越勇敢，你就越容易轻轻松松地立界限。反之，如果你不练习，你就会越想越害怕。我们需要把学到的东西落实在行动上，理直气壮地跟父母立界限，这样我们和父母的关系会更加健康。

第八章 培养独立自信的孩子，离不开界限

很多家长都会为与孩子之间的界限问题感到挣扎和纠结，正如我们之前提及的关于界限的迷思，我们会认为，如果我爱孩子，就不应该和他立界限。或者，有的家长会说，我知道应该有界限，可是我不知道该怎么立界限，我不知道这样做对不对。相信你读了前面几章后已经有点把握了。

有边界感的孩子，更自信更有力量

为什么我们要给孩子立界限？

第一，缺乏界限往往会扭曲孩子的自我意识。

自尊和自恋是有很大区别的。自尊是尊重自己，不向别人卑躬屈节，也不容许别人歧视、侮辱；而自恋是自己爱恋自己，是自视过高的表现。没有界限往往会在孩子生命中撒下自恋的种子。而且，父母如果不给孩子立界限，那就等于是在鼓励孩子让周围所有的人、事、物来满足他的需要，并且为他提供一切他想要的东西。当没有界限、没有纪律的孩子不能得到自己想要的东西时，他往往会变得非常暴躁，进入学校和社会难免出现很多情绪方面的问题。

如今，我听到很多父母分享，他们的孩子或者是朋友家的孩子非常粗暴，父母根本不敢管。孩子会在家里砸东西甚至打人，父母吓得不得了，只字不敢和他提，因为说了怕他不高兴。这就是没有给孩子立界限导致的，以至于孩子并不知道这些行为其实是不被接受的。

说说我最近遇到的一件事。之前，我给过一个年轻人很大的帮助。大概过了一年，当初我帮忙的那件事情进展并不顺利。由于他是一个没有界限感的年轻人，他反过来怪我，怪我当时帮了他。我就提醒他，当初是他请我帮忙的，但他完全不理会，还说是我强迫他那么做的。于是，我告诉他："我不允许你这样来操控我，也不接受你这样不公平地指责我。如果你希望我们的友谊继续下去，你必须向我道歉。如果你不向我道歉，我以后再也不敢帮助你了，因为我不知道什么时候你会颠倒是非黑白反咬我一口。"这个时候我就给他立了一个界限，因为我不允许他这样对我。

所以，如果一个孩子认为所有的人、事、物都是为了满足他的需要而存在，那么他就不太会去尊重别人，也不会替别人考虑，会非常自我，一切以自己的喜恶为标准，遇到不顺心的事只会指责身边的人，而不会去反省自己。

第二，跟孩子立好界限，会减少吵架的次数。

界限一旦确立，我们就可以免受孩子的顶嘴和坚持己见。设立界限并不意味着你的孩子马上就会听你的，或者他会立刻乖乖照做。他一定想要钻空子，去做那些你不让他做的事情，不断地试探你的底线。所以，设立界限并不代表我们能够控制孩子的行为。但是如果孩子知道界限是什么，并且时常被提醒界限在哪里，那么在他们尝试要越界的时候，至少会减少你处理问题的时间。为什么呢？因为你不需要再跟他来来回回地讲道理说服他，而且孩子也不会试图说服你，因为他很清楚地知道界限是什么，这是双方早就讲好了的。

界限中是包含后果的，一旦你确定了规则和不遵守这些规则的后果，那么孩子就会学着改变自己的行为，以达到你的期望。而且你会发现，你越是坚持界限，孩子就越想冲破界限。面对这种越界的行为，只要你坚持守住界限，孩子就会越来越少地越界。等到孩子完全独立的时候，你会发现他自己已经形成了界限意识。之所以这样并不是因为你慢慢地控制住了他的行为，而是因为在他的世界里，你已经为他建立好了界限，给了他很好的界限感。我们把自己内心中的界限感传递给了孩子。有界限感的孩子，可以管理、控制自己的行为，别人也很难越界来侵犯他们，他们的心理状态就会越来越健康，不但在行为上，在思想上、自我认知上等都会很好。我们花很多年的时间帮助孩子建立界限，把这个能力传递给他们，培养一个健康、懂礼节、自律的孩子，这是一个奇妙而美好的过程。

为什么跟孩子立界限那么难？

我们知道与孩子立界限很难，那难点在哪？

第一个难点是，父母出于自然情感，会很纠结，无法决断。

出于爱孩子的自然情感，父母可能不想跟孩子立界限。对许多父母而言，孩子要什么就给他什么，他要做什么就允许他做。比如，我们知道冰激凌好吃，总会给孩子吃，可是我们知道吃太多冰激凌不健康。父母时常会处在这种纠结中，自己也不知道该怎么决断。有时候，我们会觉得，孩子这么乖，要不这一次就算了，不要立界限了。

第二个难点是，父母真的不知道该怎么做。

在原生家庭中我们可能未曾有过这种经历，所以我们不太清楚健康的界限究竟是什么。比如，一个人可能从小是被爸爸打大的，所以他很讨厌打孩子，也不管教自己的孩子。可是，这个人可能并不清楚，如果不管教孩子，就没法跟孩子立界限。于是，他就选择不立界限。现在很多父母都是这样，认为如果管教孩子太多，就会变得像自己的父母一样，而他们不想那样，所以干脆选择不立界限。在这样的逻辑中，我们把立界限和惩罚又混淆在了一起。

既然那么难，那么为什么我们依然需要与孩子立界限呢？既然这么爱他们，为什么要难为他们呢？有的家长可能会回答：如果不与孩子立界限，我们就管不好他，他会胡作非为，不听大人的话。但是，请注意，所谓的听话、守规矩等行为端正的表现，都是立界限的结果，绝对不可以成为我们立界限的目的。如果你和孩子立界限是为了控制孩子的行为，孩子是知道的，他是不会接受的。

所以，我们要明确为孩子立界限的真正目的究竟是什么。

为孩子立界限时，要注意两点

第一，要清楚我们立界限的目的是帮助孩子建立品格，而不是控制他们的行为。

一旦我们想要控制孩子，你就会发现孩子和你之间产生了一种博弈的关系。为什么？只要问我们自己喜不喜欢被人控制就能明白，每个正常人的答案肯定是否定的。如果有人来抓你，你的第一反应一定是往后闪躲；如果有人把你向外推，你的第一个反应一定是用力顶住。同理，当我们感觉到自己被人控制的时候，第一反应一定是对抗。

孩子也是一样。所以，当他意识到你立界限是为了控制他，他就会抵触。同时，因为你立界限的目的不对，所以你跟孩子之间的张力会非常大，孩子会想方设法来攻破你的界限。

但是，当我们立界限的目的是帮助孩子建立品格的时候，孩子也能感觉得到。他能对"控制"和"建立"进行区别。控制是：我要抓住你，让你听我的！而建立是：我不会抓住你，我会帮助你、支持你。当孩子感受到你是在帮助他，他一定会非常愿意合作。所以，如果你读了这本书，想学习立界限，是为了能够更好地掌控家庭，那么我现在就劝你停止。因为这不会成功,即便你立了界限,那也不是一个健康的界限。

第二,我们要明白,立界限是为了让孩子更加自信有力量,而不是通过控制孩子让他觉得自己软弱无力。

很多父母想控制孩子,这只会让孩子觉得自己软弱无力。如果你总是控制孩子,随着他慢慢长大,他本来应该越来越独立,可是他会越来越软弱,越来越不独立。当他真的长大到了该独立的时候,你会发现他在很多事情上过度依赖父母。

与控制相反的是,我们能够通过建立界限让孩子感觉他是非常有力量的。很多人可能会好奇,我给孩子立界限,居然能够让他有力量。没错。当我们用正确的方法给孩子立界限的时候,孩子是不会反抗的。他可能会不高兴,但这种不高兴有点类似于,你到健身房里去练肌肉,你的肌肉会酸,但是它在变得更强壮,同样的道理。

如果我们尽早跟孩子立界限,孩子长大以后就会成为一个非常自信而且有力量的人。因为他是一个有界限感的人,界限给他带来安全感,让他的自我认知更加健康。所以,我们为孩子立界限,事实上是在帮助孩子建立他的安全感,让他觉得自己更有力量,从而更加自信。

反之,当孩子没有清晰的界限时,他会感到不安全。就好像孩子需要充足的睡眠、健康的饮食和规律作息来确保他们的健康一样,他们也需要一些规则来保护他们的安全。比如不能在红灯的时候横穿马路,不能在网上泄露自己的个人信息,他们会通过这一系列的规则来获得安全感。所以，当父母不能够提供很清晰的界限，或者允许孩子在家里肆意妄为时，力量的天平就会滑到孩子那一边去，这对孩子和家长都不好。

注意，当孩子还小或还未成年的时候，比较理想的状态是力量的天平要向父母一端倾斜。随着孩子年龄的慢慢增长，力量的天平会越来越多地向孩子一端倾斜，直到达到一个平衡点。如果孩子小的时候肆意妄为，家长从不批评、管教他，就会带来很多的问题。

前段时间，我听到有位老师宣扬这样的理论：孩子做错了事情，我们不要说他错了，不要批评他，而是要去鼓励他；我们也不要去纠正他，因为孩子有自然学习的能力。后来有家长发现，当他用了这套理论后，他的孩子就出现了很大的问题。他发现他们家力量的天平已经滑到孩子那边去了，结果父母和孩子都非常被动。虽然孩子以为自己得到了想要的，但事实上他非常没有安全感。父母怎么说都不听，孩子对父母没有最基本的尊重。

为什么？因为孩子是拥有权力的那一方，父母怎么做都不对，孩子还很不高兴。当孩子知道自己可以操纵他的父母，他就会感觉到自己有力量，相较之下，父母的力量就弱了。但是他可能不知道，要控制比自己更有力量的人会产生极大的焦虑和威胁感，这是他不能承担的。如果父母因为自己的原因被孩子控制，你会发现孩子会变得非常焦虑，而且他内心是很没有安全感的。

如何为 0~4 岁的孩子立界限？

既然是为孩子立界限，就需要按照不同年龄来给孩子立界限。

首先，对于 0~4 岁的孩子来说，设立界限主要在于强调他的行为。这个年龄段的孩子，基本听不懂什么大道理。不要跟他讲为什么、原则是什么、动机是什么，这些都不合适，重点可以在身体行为上给他做一个限制。

比如，孩子在吃饭的时候想要下桌去做别的事。我们可以在地上画一条线，这就是界限。告诉孩子，吃饭的时候，你走出这个区域就需要马上回来，超过 5 秒钟就要罚站 1 分钟。这个后果你可以自由设计，比如孩子本来有自由可以走出这个区域 5 秒钟，但是一旦他有一次走出去超过 5 秒钟，你就不允许他再走出去了，你会把宝宝椅上的安全带给他扣上，让他不能再走。

其次，我们要强调的是后果。一定要通过反复告诉他后果，来帮助他反思自己的行为。

比如，告诉孩子："你在床上跑，摔下来磕着头，头就会痛。"这就是后果。"睡觉的时候，如果你从床上跑下来，我就会把门关上"，这就是后果。所以孩子就知道，如果他想要开着门睡觉，就必须待在床上。

这里再强调一下，后果一定是要可量化、可感知的。不要跟孩子说："你一定要跟妈妈说实话，要不然你就失去妈妈对你的信任了。""失去信任"这样的概念太抽象，对于 0~4 岁的孩子来说，他没有办法理解。所以他还会继续不说实话，不是因为他想要骗你，而是因为他实在不明白"失去妈妈的信任"是什么意思，因为这个后果不可量化、不可感知。为了搞清楚"失去妈妈的信任"是什么意思，他会一次次试探你的底线。

你可以这样说："如果你不跟妈妈说实话，下一次你告诉妈妈你做了什么事情的时候，妈妈就不会相信你了。"

为了让孩子明确地感知到后果，我们也可以借助视觉或者听觉工具。比如，孩子看电视的时候，他说再看 5 分钟，可是 5 分钟过后又看了 5 分钟，就是不肯离开。因为孩子年龄比较小，可能还不会看表，所以我们可以给他设一个闹钟，到了 5 分钟闹钟就响了，孩子也能听到。我们家现在基本上是用这种方法，定好闹钟，响了之后我的孩子不管是在干什么，他都会关掉电视。因为他知道，这个界限已经到了。在刚开始设立这个界限的时候，可能还需要你去帮他关电视，辅助他一把。但是一旦孩子习惯了这个界限以后，他就能很自主地去做了。

再次，我们要确认孩子是否听明白了我们的话。

很多事对我们来讲很容易理解，可孩子不太容易明白。

举个例子，有一次我给孩子立界限，告诉他："如果你在生气的时候扔了你的玩具，我就要把你的玩具拿走，一直到你睡午觉起来，我才会给你玩。"结果孩子在快吃午饭的时候扔了某个玩具。我就说："妈妈曾经告诉过你的，你乱扔东西，我就要把它拿走，到你睡午觉起来再给你。"他听了之后就放声大哭，我就觉得很奇怪，因为从吃完午饭到睡午觉起来，并没有隔很长的时间。其实，对他来说，这应该不是什么大问题，怎么会哭得那么伤心？我这才突然想起来，他可能对时间没有概念。

于是我就问他："你知道睡午觉起来是什么时候吗？"他跟我说是要到他生日的时候。之前他曾经问我，他什么时候能过生日，我跟他说还有很久很久，所以，当时他以为睡午觉起来，就像到下一次过生日那样久。

类似这种情况，一旦问清楚了，我们就能够理解孩子的思路和他的表现，也能帮助我们正确地立界限。我们需要记住 0~4 岁的孩子在理解力上还比较弱。

如何为 5~8 岁的孩子立界限？

首先，在孩子 5~8 岁这个阶段，父母最重要的是帮助他理解界限。5 岁的孩子，其实他基本可以理解我们做一件事情的原因，我们要尽量用他能明白的方式讲清楚。我们要给孩子解释界限的好处，告诉他没有界限的生活会是什么样子。比如我会经常说，没有界限，我们的生活就像房子没有大门一样。

其次，分三个层次让孩子理解界限。

第一个层次，要让他看见界限。比如可以使用图画、文字等，把界限写下来，让孩子可以随时去看。我建议你把你认为比较重要的事项写下来。对年纪小一点的孩子，你可以把它画出来，画好以后你要说明意思。

第二个层次，告诉孩子，在这个界限当中我们看重的是什么。闹钟响了，要不要关电视？妈妈看重的是什么？告诉孩子："妈妈看重的不是你有没有在看电视，而是你有没有听到妈妈说了什么。"比如，你可以告诉他："我的期待是，当闹钟响了，5~10秒之内，你要把电视关掉。"或者，"我对你的期待是你要诚实，答应妈妈的事你要做到，你要尊重妈妈。"我们所看重的、所期待的事情，一定要让孩子听得清清楚楚明明白白。

第三个层次，我们可以强调行为背后那些我们看重的品质。跟孩子说明了界限，也告诉孩子我们的期待以及我们所看重的是什么之后，我们还要告诉他，哪一些行为是符合我们期待的，因为这些行为说明孩子具有哪一种品质。比如，我们可以告诉孩子："如果你犯错了，当妈妈问你是不是犯错了的时候，你能主动承认，这就说明你很诚实，妈妈很看重诚实。"

如何为9~13岁的孩子立界限？

在孩子9~13岁这个阶段，我们要给他力量感。这个年龄段的孩子有了更多的欲望，可是能力仍然有限，于是常常会觉得力不从心，会有挫败感，而这个时候他非常需要知道自己是可以的，是有能力的。当父母无法给孩子与他年龄相对应的健康的力量感时，他就会通过其他方式获得力量感，以战胜心中的无力和挫败感。这些方式有：和父母吵架，唱反调，偷偷做父母不让做的事情，小偷小摸，打架斗殴等。

这个年龄段的孩子已经开始跟我们博弈了。所以，很重要的是，我们要给孩子改正的机会。

比如，如果他发脾气打人了，后果是A，但是如果他能主动向对方道歉，那么后果是B。通过给孩子改正的机会来赋予孩子力量，让孩子知道他做错了事是可以弥补的。

而且，在这个阶段我们要专注于奖励而不是惩罚。比如，之前我们举过孩子看手机、不做作业的例子。在这个案例中，当父母用拿走手机来作为惩罚的时候，孩子和父母之间是对立的。这个年龄段的孩子本来就开始探索自己的角色和力量了，如果我们还和他博弈，对维护亲子关系非常不利，而且效果也不好。所以，父母可以跟孩子沟通，用奖励的方式鼓励孩子的正面行为。比如，告诉孩子："如果你连续两个星期都能每天完成作业，你就可以每天打半小时游戏。"

对这个年龄段的孩子而言，我们要向他们解释立界限的原因，帮助他们理解我们出于什么样的动机、什么样的目的立界限。

比如，为什么饭前不能吃冰激凌？为什么放学回家希望他先做作业？这个时候，我们可以和孩子一起来讨论界限。比如，可以听听孩子说他为什么放学回家不想先做作业，他可能会告诉你因为他上了一天课已经觉得很累了，放学后他想参加训练去踢球，训练完了回来想先休息 20 分钟。经过这番沟通后，父母告诉了孩子希望他放学回家立刻做作业的原因，他也告诉了父母他不想这样做的原因。如果父母认为孩子给出的原因合情合理，那就完全可以让他先休息 20 分钟。如果他也认同，可是每次休息完 20 分钟后还是不做作业，那样的话，我们可以试着让他放学回家先休息 10 分钟，10 分钟过后开始做作业。如果这样调整之后，他能够把作业顺利做完，下个星期我们可以让他放学回家先休息 15 分钟。就这样慢慢调整，慢慢立界限，加上"讨价还价"。顺便说一句，很多父母不喜欢孩子讨价还价，其实讨价还价是很重要的一个能力。

如何为 14~18 岁的孩子立界限？

在孩子 14~18 岁这个阶段，家长需要从大局出发，不要和孩子"硬碰硬"。比如，你说先做完作业再吃饭，他偏不，偏要先吃饭再做作业；你说牙膏从下往上挤，他偏要从中间挤。类似这样的情况在孩子 14~18 岁期间会大量出现。

要特别提醒的是，孩子有这些所谓的叛逆行为，并不是因为他原本想叛逆，而是因为他想通过挑战权威来获得力量，来弄清楚他在家庭、社会、学校的地位如何，他究竟有多少力量。

所以，比较明智的是，我们要有意识地给孩子赋能。当他表现出"偏不"的时候，如果不是原则性问题，可以放过。

但是，我们需要告诉孩子，如果我们给他自由，让他自己掌控，他需要为结果负责；如果不能达到我们共同设定的结果，那父母就要重新调整界限。

比如，如果孩子一定要先吃饭再做作业，没问题，我们可以满足他这个要求，但是他必须保证一个结果，就是把作业做完。如果他先吃饭，吃完饭后犯困，然后就开始睡觉，而不去做作业，那么我们就要调整界限，要求他最起码要把作业做到一半才可以吃饭。

除了要从大局出发，不和孩子"硬碰硬"外，还需要注意，我们立界限时要坚定而持续。因为这个年龄段的孩子，特别喜欢挑战我们的底线。

这个时候，父母意见统一很重要。父母要合作，像一张网一样，牢牢地支撑着孩子。所以夫妻双方要通过设立坚定而持续性的界限，为孩子提供安全感。

孩子14~18岁的时候，我们往往会有一个误解，以为这个年龄段的孩子不想听我们的告诫，因为他表现出来的就是这样。我们让他往东，他偏要往西。我们会觉得孩子不想让我们教他。其实完全不是这样。这个阶段的孩子尤其需要我们的教导。孩子自己并不知道这点，他在潜意识层面会很厌我们管他，家长也会因为孩子外在的表现而以为孩子不想要我们管。但是，如果我们真不管他了，他会很害怕。

其实，当孩子发现他努力想要推倒我们的界限却推不倒的时候，他的内心会有安全感，因为他感知父母有非常强的能力来保护他。如果他没有办法从里面冲破这个界限，那么别人也没有办法从外面冲破这个界限，于是孩子便会获得很强的安全感。所以，千万不要因为孩子和我们对着干就放弃立界限。

现在回过头想，我特别感激我的妈妈，她没有在我最叛逆、最抵抗的时候放弃管教我。那个时候我很讨厌她管我，我觉得，别人的妈妈都不管孩子，为什么我妈妈一定要管我？但是最后的事实证明，有父母管的孩子和没有父母管的孩子是不一样的。所以现在想来我都无比庆幸，还好我妈妈那时坚定而持续地守住了那些界限。她在很多关键的时点，给了我重要的启发，为我提供一种保护。有时候那种保护就是直接不让我去做，当时我年幼无知，现在回想才深以为然。

如何应对孩子的挑战？

在了解了该如何给不同年龄阶段的孩子立界限之后，家长们可能会遇到一个问题，如果孩子不接受我们的界限，我们应该怎么做呢？

其实，在孩子小的时候，如果他们不接受界限，我们只需要坚定而持续地用健康的方式去守住界限就好。

随着孩子渐渐长大，他可能会不接受父母立的界限，这种情况很常见。此时，我们需要分析原因，然后对症下药。

第一种情况是，孩子还不习惯父母立的界限。

这是常见的一个原因。因为家里从来就没有立过界限，他在那种状态中很舒服，父母突然要设立界限，孩子就不知道应该怎么适应，他也不知道应该怎么应对。他会想，父母立界限干什么？这种情况其实是所有情况中最好的一种，他只是不习惯而已。那么，父母的应对方法就是，每一次立的界限，要尽可能地少，不要一口气立一大堆界限，这样孩子肯定受不了。应付不过来的时候，他会选择躺平，这样就只能适得其反。所以，在刚开始时，最多一次立三条界限，等孩子慢慢适应后，我们再给他增加新的界限。

第二种情况是，孩子不理解立界限的原因。

我们要具体解释，为什么在这件事情上我们要立这样的界限。一定要让孩子明白，我们立界限不是要找他的麻烦，也不是要控制他的行为，为难他，让他不快乐。而是要让他知道，这样做是为了帮助他建立好的品格和习惯，这些会对他终身有益。如果孩子已经到了开始反抗你的界限的年龄，一般而言，他可以听懂你的这些解释了。

对于年龄大一点的孩子，还会有第三种情况可能让他不接受我们的界限，那就是我们和孩子的关系很疏远。

虽然每天生活在一起，父母每天都在照顾他，但是孩子跟父母的关系疏远。他可能回到家里都不跟父母说话，也不讲他平时在学校发生了什么事情，和父母之间对话就像挤牙膏一样，问一句才说一句。对于这种情况，我要提醒父母的是，界限和爱缺一不可，这是非常重要的。如果一个孩子没有感受到被爱，我们就很难跟他立界限。同样，如果一个孩子没有界限，他其实也很难真正感受到父母的爱。

对于那些与父母关系很疏远的孩子，在立界限之前，一定要让孩子感受到爱。需要强调的是，让孩子感受到爱与父母有没有给他足够的爱是两回事。很多父母觉得自己很爱孩子，给了他很多的爱，可是孩子感受到的却很少。如果孩子没有感受到爱，我们是没有办法和他立界限的，就好像对着空气打拳。

怎样让孩子感受到爱呢？

首先，要对孩子使用正确的"爱的语言"。

如果孩子和父母的关系很疏远，他无法感受到父母的爱，那么父母就无法在爱的氛围中给他立界限。为了让孩子感受到爱，父母一定要使用正确的"爱的语言"。

什么是"爱的语言"？其实每个人都有自己"爱的语言"，如果你还不知道，可以上网搜一下，网上还有很多免费的关于"爱的语言"的测试。你可以测一下自己"爱的语言"是什么，有夫妻版的，也有个人版的，还有亲子版的。

很多时候父母只是用自己"爱的语言"去爱孩子，或者我们认为孩子能接受的"爱的语言"去爱他。比如说他考试考得好，父母就买东西奖励他。可是，如果这个孩子的"爱的语言"是肯定的言辞，那给钱或者买礼物就没什么效果。这样的孩子想要的是父母的肯定，父母应该用语言肯定他很棒很优秀。他听到肯定的言辞，就会感受到被爱。如果我们表达爱的方式是给他买礼物，让他下次继续努力，这时父母虽然表达了爱，但孩子并没有百分百感受到我们的爱。

孩子知不知道父母在爱他呢？理性上是知道的，因为我们可能花了很多钱给他买礼物,但这不是他认可的"爱的语言",所以他在某种程度上是不能够感受到被爱的。

还有一些父母表达爱的方式是服务的行动,比如给孩子做很多好吃的,可是很多孩子要的是高质量的陪伴。结果因为你不停地在帮他做这个做那个,反而没时间去陪他,所以孩子仍然感受不到爱。在感受不到爱的情况下,孩子是没有办法接受你的界限的。孩子会想,你都不爱我,你凭什么管我?我们是不是常听到很多孩子这样讲?

也有很多人说,为什么我的孩子愿意听别人的意见,但就不肯听我的。原因很简单,因为他在别人那里感受到了爱。别人的爱怎么可能跟父母的爱比?问题是别人对他做的事情,符合他的"爱的语言"。

比如说他需要被接纳,而你整天骂他,一直挑刺,满眼看到的都是孩子的缺点。如果孩子在虚拟游戏世界是老大,他有一群跟随者,哪怕是他跟随别人,都会让他觉得很有归属感。当然,我不是让你鼓励他去虚拟世界寻求满足,而是想强调父母要用孩子"爱的语言"去爱他,当我们给孩子心灵所需的时候,他在父母这里得到爱的满足,他就更能够接受父母给他立的界限。

其次,除了使用"爱的语言",我们还要让界限和爱结合,让他在感受到界限的同时,也感受到爱。

怎么做?在界限的后果上,我们要给他更多的恩典和弥补的机会。比如,跟孩子设立界限时,可以告诉他,可以打游戏,但如果考试没有及格的话,就会有一个自然后果,那就是不能再打游戏了。所谓给予恩典是指，好比今天是他的生日，或者今天过年，我们愿意给孩子恩典，网开一面允许他打游戏。但是，我们要在这个恩典之外加一个附加条约，比如，他可以在生日这天打游戏，但是只能打半小时，然后需要在生日过后多学习半小时，把它弥补回来。

这里要强调的是，如果孩子没有感受到我们的爱，我们就需要更多正面的界限，而不是负面的界限。在特殊日子破例，并且不影响主要界限的后果（例如考试没及格不能打游戏），这样的方法就比较积极正面。

孩子不接受界限的最后一种情况是孩子根本不尊重父母。

很多孩子非常不尊重父母，但他们的父母不愿意承认这个事实。家长不要以为自己赚很多的钱，给孩子吃、给孩子穿、让孩子玩，就能得到孩子的尊重。不是的，孩子不尊重父母，在界限这个层面上有两个原因。

一是父母自己没有界限，经常越界。夫妻双方彼此越界，对孩子也经常越界，导致家庭关系一片混乱，这种情况下孩子不会尊重父母。他会认为你自己都没有界限，凭什么来给我立界限？就好像你自己都不会开车，你还要去教他开车，他不会听一样。孩子不相信父母能够立好一个正确的界限，所以孩子也不接受父母给他立的界限。

如果你的家庭属于这种情况，我建议你好好读完这本书。我们要学习给自己立界限，在生活的各个层面做好榜样。如果你整天工作、应酬不回家，当你试着给孩子立界限时，孩子有可能因为怕你，暂时不敢反抗，会按照你说的去做。但是一旦有机会，他就会反抗你。如果他反抗不了，他就会选择逃避你。

凡事都要有界限，挣钱要有界限，工作要有界限，玩也要有界限。我们和配偶之间的关系、和他人之间的关系，都需要有界限。如果我们的婚姻是没有界限的，家庭乱糟糟的，孩子虽然不说，但是无形中你便失去了他对你的尊重。

二是父母经常知错不认错。如果父母拉不下脸来认错，认为一旦认错就失去尊严，孩子也会习得这一点。他明明越界了，却不愿意承认，因为他觉得承认自己做错了是天大的事情，他没有从家长身上学会知错认错。

事实上，会认错的父母比不认错的更能够得到孩子的尊重。孩子尊重父母不是因为父母不犯错，而是因为父母敢承认自己的错误。千万不要以为自己认了错，孩子就会看不起我们，其实我们错没错、认不认，事实都在那里，孩子心里很清楚。当我们明知道自己错了却不承认的时候，孩子才看不起我们。我们不承认错误，只会让他觉得我们根本没胆量去承认。

我为什么对这点那么确定？因为在我的学员中有许多青少年，他们来我办公室常常会控诉父母。所以无论你是父亲还是母亲，如果你错了，请你向孩子认错道歉，这不是一件丢人的事情。父母向孩子认错道歉，就像孩子向父母认错道歉一样，都不丢人。承认错误会给孩子很大的安慰。

有很多上过我课的妈妈告诉我，她们的孩子居然说，看见妈妈在学习儿童心理学和科学育儿的知识、学习怎样更好地做父母的时候，他们心里非常受安慰、很感动，并从这件事上感受到了被爱。有位母亲告诉我，她的女儿主动跑过来亲她，并告诉她："妈妈，谢谢你愿意为我学习。"所以我们做了什么，我们有没有承认错误，孩子都是看在眼里、记在心里的。

因此，我鼓励父母做正确的事情，哪怕这件事情现在看来很难。立界限不容易，学习也不容易，但是都是值得的，因为这是正确的事情。

衷心地祝愿所有的父母在给孩子立界限的时候能够温柔而坚定。虽然孩子会挣扎，会想越界，但当我们坚持为他们立一个好的界限，就是为他们的人生打下非常重要的基础，并把界限的意识传递给他们。因为我们现在这样做，就像在给一棵小树浇水、施肥，总有一天我们会看到这棵小树成长、开花、结果。

希望这成为你的一个愿景，我们一起朝着这个美好的愿景努力。

第九章 守好自己的边界,人生才会开挂

我之所以把为自己立界限的内容放在本书后面来讲，是因为它最容易被我们忽略且又是最难的。"不识庐山真面目，只缘身在此山中"，用这句诗来形容为自己立界限最贴切不过了，很多时候，我们更容易感知到别人的越界，却很难意识到自己在不经意间已越过了自己的边界。

为自己立界限，要遵循这些原则

周川总觉得自己不够好，因为总会有人比他更好。所以，他从每天工作 8 个小时，延长到 9 个小时，但仍然觉得不够，又延长到 10 个小时，他仍然觉得这不足以让自己达到"好"的标准。在这种情况下，如果一个人没有界限意识，即便工作再长时间都不会觉得足够。完美主义者是没有界限意识的，他往往追求做到最好、做到极致，他要完美，然后就会发现永远不够完美。后来，周川开始为自己立界限:每天只工作8个小时,工作9个小时就是不够好!

虽然为自己立界限困难重重,它却最能帮助我们练习如何立界限。因为在给自己立界限的时候,我们需要有异乎寻常的界限意识,这样也能够挑战自己、改变自己的行为。想要挑战别人、改变别人的行为很正常、很自然,但是改变我们自己的行为则是难上加难。

其实,我们在自己身上练习是最方便的,因为在别人身上我们还需要等他人越界的机会,但是就我们自己而言,任何时候都可以练习。所以,我们要敏锐于自己的行为,并建立起很强的界限意识。这样,当别人开始侵犯我们的界限时,我们就能很快识别出来。

那么,要从哪些方面入手来为自己立界限呢?其实,每个人的界限都不一样,为自己立界限,要根据自己的需要和优先顺序来决定。

首先,在行为习惯、生活习惯、情绪习惯等方面,都要为自己立界限。

当你给自己立界限的时候,你是在告诉自己什么是可以的、什么是不可以的。我不知道大家有没有"5分钟综合征",它是指,很多时候我们会对自己说"再给我5分钟",比如说追剧,心里想着再看5分钟就不看了,结果一个5分钟,两个5分钟,一下就过了两个小时。孩子也会这样,说"再玩5分钟",结果一玩就没完没了。为自己立界限能够有效地阻止这种"5分钟综合征"。

也许你会说,这样立界限有点像是立flag(目标),我每年年初都会立很多flag,到年末的时候却一个都没有完成!这是不是说明立界限没有用？其实，这是因为你在生活中没有习惯为自己立界限，平时没有很多练习，一上来就想立一个非常难守住的界限。所以，要一步一步地来为自己立界限。

下面是我为自己立的一些界限，可以供大家参考：

- 不超额花钱
- 每天只刷抖音半个小时
- 睡前读半个小时的书
- 不在背后说人的坏话
- 23：00以后不工作
- 陪孩子的时候不玩手机
- 不会没有计划地买东西
- 生气的时候不说脏话
- 生气的时候不打孩子
- 避免和会让我情绪压抑或伤害我的人接触
- 不酗酒
- 家里不存放零食
- 和配偶吵架的时候不说侮辱性的话
- 晚上9：00以后不吃东西

……

这些界限帮我控制自己的行为，建立起健康的生活方式。比如，立好界限可以防止你每天晚上都吃垃圾食品。再比如，因为第二天早上7点钟就要起来上班，有了界限就可以帮助我们晚上不加班到太晚，或者不打游戏、刷手机到凌晨。

你或许会认为自己已经在主动立界限了，比如健身、学习都能表明你是一个很自律的人。但自律和立界限不同，自律是有目的性的，而立界限是出于自爱自重。比如跑步或健身，这些自律的行动都是有目的的，也许是为了减肥，也许是为了身体健康。比如每天早起，可能你是为了培养某种品格。再比如学习，你可能想提升自己的技能，换一份更好的工作。我们通过自律来提升自己的价值或自我认知，由此让自己获得更多或感觉更好。从这点来说，自律是对外的，有一个外界的目标。

而为自己立界限是对内的，不带有目标性。它源于自爱、自尊，基于这样的原因而自然产生的。因为我是一个有价值的人，我要为自己立界限；而不是说我要减肥成功，或者我要证明我是一个能够坚持的人，我才觉得我有价值。

举一个例子来说明两者的区别。假设你和朋友去餐厅吃饭，你只吃蔬菜沙拉，因为你在减肥，这就是你自律的表现；而看着体重150斤的朋友吃大鱼大肉，你却不要求她和你一起吃沙拉，这是你对自己立界限。

其次，给自己立界限意味着不关我的事情我不管。

当然，并不是说当别人需要帮忙的时候我们袖手旁观，而是说，如果这件事是别人的事，并且他没有向我们寻求帮助，我们就不要插手。

比如，别人怎么教孩子，如果没有寻求我们的帮助，我们不可以粗暴地去干涉。我每次回国的时候，有时在电梯里看到父母对孩子比较粗暴、方法不正确，我会很着急，但我都会告诉对方自己是学儿童心理学的，关于刚才他与孩子互动的情况，我能不能跟他聊两句。我会先征得对方的同意，然后才告诉他这种情况下如何做会更好。我不能直接对对方说"你刚才这样做是错的""因为我是专家，我最懂"这样越界的话。有时候，有些父母会不耐烦地拒绝我的意见，我虽然可怜孩子，却也必须尊重对方的界限，因为我实在无权越界。

最后，我们对别人不要有不切实际的要求和期待。

比如，你总是希望你的父母承认他们曾经对你的伤害，给你道歉，可是你心里也清楚他们永远不会，所以你要克制自己，不要不停地去和他们纠缠，而要更多地专注于解决自己过去的创伤这件事上。

再比如，有的人所做的一切都是为了让父母承认他是优秀的，是值得他们骄傲的。可是不管他怎么做，父母都能找出不满意的地方。这类父母，不能欣赏孩子，自然也很难真正发自内心地、无条件地接纳孩子。如果你对父母有这样的期待，觉得一定要让他们承认你的优秀，这时你就需要为自己设立界限了。你要告诉自己，不允许自己追逐一个不可能实现的目标，因为这是我界限范围外的事。父母要怎么看我，我没有办法改变。我能做的是控制自己的想法和行为，否则我会非常痛苦。

我认识很多人，他们已经成年了，可是依然保持着小孩子的心态：每做一件事情，都希望父母能够说一句"你做得真好"，结果一直等不到这句话。有的人千方百计赚更多的钱，做到更高的职位，开更好的车，带父母去更好的地方度假，都是因为他内心想让父母承认自己的优秀。在这种情况下，我们一定要记得给自己设立界限，不要让自己这样做。

一旦有了界限，一个人就有了衡量自己的稳定标准。很多时候我们的感觉在不停地变，对自己的评价也在变化，那是因为我们衡量自己的标准是根据别人对我们的看法或者与外界比较而来的。放眼望去，当没有人比我们更好的时候，我们的自我认知是很稳定的，可是一旦有一个比我们更好的人出现，我们就开始紧张，感觉受到了威胁，这时我们对自己的评价就降低了。所以，我们需要设定好的界限，来帮助我们对自己有一个非常清醒的认知，并能阻止我们去做明明做不到的事情。总之，界限可以帮助我们用一个稳定的标准来衡量自己。

手把手教你为自己立界限

为自己立界限，并不比给别人立界限容易，我觉得反而更难。但是，你可以按照以下步骤，一步一步来完成。

第一，必须认识到生活当中哪些地方需要界限。

因为每个人需要的界限都不一样，所以要先找出自己在哪些地方需要界限。我建议你用一张纸把它写下来，并分成不同的大类。问问自己：经济上我需不需要界限？也许我在自己的开销上不需要，但是我在给孩子买东西上非常需要界限，我常常会给孩子买太多东西。或者，关系上，我和谁的关系需要界限？把这些人的名字一个个写下来。

现在，在电子产品的运用上，很多人都需要界限。有越来越多的孩子对电子产品上瘾。我们一定要明白，父母需要采取措施帮助孩子防止对电子产品上瘾，而不是等到孩子上瘾后才去学习怎样帮孩子摆脱上瘾。那么，在孩子上瘾之前，我们自己有没有在使用电子产品上给自己立界限？

还有，在日常行为习惯、情绪健康等方面，我们也都需要给自己立界限。有些人会脾气火暴，有时像发疯似的无法控制，把家人都吓得不轻，这就是没给自己的情绪立界限。

第二，我们要找到自己的界限点。

界限点就是那些你接受不了的事情。比如，周权的耳朵以前受过伤，所以如果别人对他大声说话，他就很受不了。这里的大声说话是指吵架。遇到这种情况他就需要立界限：你可以有不同的意见，但是不能提高嗓音跟我吵架，因为我受不了。

每个人都有自己的界限点，这个界限点你可以称为"爆点"，是一些会让你非常不舒服的地方。找到这些界限点以后我们就知道，从一开始和他人接触的时候，我们就需要给对方立界限。同时，针对这些界限点，我们也要给自己立界限。很多时候，我们不能接受别人的某些行为，可是我们自己又去做。比如我生气时会翻白眼，我受不了的时候就翻白眼，但是我自己是非常讨厌被别人翻白眼的，所以我在很生气的时候要非常有意识地去控制自己不要翻白眼。

第三，在为自己立界限的时候，我们要感知自己的情绪。

我们做每一件事情都有原因，为了找到这个原因，我们要敏感于自己的情绪。对自己情绪敏感的时候，我们就能够知道：哦，原来我要做这件事是因为我的某种情绪被挑动起来了，让我想要越界。无论是对孩子、父母、朋友、配偶，都是如此，背后有一个不舒服的情绪挑动我们去做越界的事。

所以，下一次你想要越界的时候，比如看到别人的事，很想直接出手去帮助，这时你要问自己：我为什么会有这样的感觉？我为什么会想要去冒犯别人、去越界做这件事情？

比如，我为了赶时间一把抓起孩子的衣领就走，因为当他拖拉的时候，我觉得他耽误了我的时间，所以我会想要一把抓住他就走，哪怕这冒犯了他的界限。或者，当我不认同某人的生活方式时，我觉得我有权利和义务把他从错误的生活方式中拯救出来，所以我要越界去告诉他，他这样的生活方式不对。

在团体辅导中，每一个参加的人一般会梳理自己的情绪以深入地认识自己。因为很多人发现，他知道自己应该怎么做，但就是做不到。当我们对自己有更多认识后，我们会明白自己做某件事的原因，产生某种情绪的原因，以及这些背后的心理因素。这些心理因素是我们行动的根源，一旦挖掘出来，能够帮助我们了解自己忍不住越界的深层原因。

第四，我们要循序渐进地给自己立界限。

就像我们在前面讲到的，我们给孩子、配偶、父母立界限的时候，都要遵循循序渐进的原则。给自己立界限也是一样的，我们不要一次性地给自己立太多的界限。立界限本身是个很漫长的过程，如果你一次立太多，反而会有反作用。立太多界限后你一般很难完成，各个方面看到的都是自己的失败，都是自己做得不好的地方。当这种失望排山倒海向你袭来的时候，你就会难受，然后就容易起反作用，容易灰心丧气，放弃为自己立界限。

我们可以把需要立界限的某些方面具体写出来，从中选出第一重要、第二重要、第三重要的，排出优先次序。之后先锁定两到三个界限目标，做好了以后，再完成次级重要的两到三个目标。

第五，我们给自己立的界限一定要容易实现。

不要一下给自己立一个很高的目标，最后发现自己根本不可能实现。建议一次一小步，最终完成目标。

比如说，你和你丈夫吵架时，你给自己立的界限是等他说完了才开始说，因为你知道自己很喜欢打断他。既然立了这样的界限，你就要学习控制自己。当你践行时，你会发现很难，因为当对方正讲的时候，你总有一种冲动想要打断他。这时候，你可以给自己立一个可以实现的小目标。比如说，你初步的目标是让他先说 5 分钟，5 分钟过后才能打断他，这个目标看起来就比较容易实现。等这个界限对你来说已经很容易遵守了以后，你就可以再立一个界限：下次吵架的时候，我等他说 10 分钟，10 分钟过后，如果他还没有停，我再开口打断他。等 10 分钟的界限目标也能达成之后，再慢慢过渡到 15 分钟，以此类推。

一步一步给自己设立界限,有助于我们获得成就感,从而更容易成功地立好界限。

第六,我们在建立界限的过程中,一定会遇到很多的阻拦,遇到阻拦的时候,我们要寻求帮助。

这些阻拦有可能来自我们的原生家庭,也有可能源于婚姻中经济无法独立,也有可能来自你内心的惧怕。我们要找到阻拦背后的原因,我们要寻求帮助。你可以寻求朋友的帮助,与他一起进行角色练习,我们在上一章中讲到角色练习的优势,此处不再赘述。你也可以寻求专业的帮助。一定要找到阻拦立界限的原因,要不然就没有办法成功。很多人没有办法立界限,并不是因为他的能力不足,而是因为他一直没有解决他内心中束缚他的那样东西,所以不管怎么去处理外在的东西,都无法立界限,因为内心的阻拦才是核心,它会把我们困在那里。如果每一次尝试都失败,久了之后我们就容易放弃。

第七,要优先照顾自己。

我们前面提到过自我照顾和自私的区别。如果你遇到某种情况,真的撑不下去了,必须先照顾好自己。做父母的也是一样,尤其是妈妈们,一定要给自己留出时间与空间,要照顾好自己的情绪以及各个方面的需要,因为妈妈们真的是很辛苦。

最后,我希望你在读完这本书过后,不但会给别人立界限,也会给自己立界限,把界限这个观念和健康的界限模式都带到你的家庭中。也许你看完这本书后还不能立刻学会立界限,不要着急,因为训练自己立界限是一个漫长的过程，跟别人立界限也是一个漫长的过程。但是，只要每一天都练习，我们就一定会在家庭中种下健康的种子，也一定能让我们的家庭变得更健康更幸福。

为了我们的家人，为了各种人际关系的健康，付出时间和努力都是值得的。但是我想提醒你，你要不断练习，因为练习会让你达到一个最佳的状态。如果你希望只通过看书就成功立界限，那不切实际。不管你听多少课，如果你不把它用起来，你都没有办法变得更好。所以如果你听了课不去练习，千万不要说这本书没有用。我的很多学员按书中所写的去练习，他们真真实实地经历了改变，证明这些是对的，也是有效的。他们都付出了很多的努力，每天都在不断反思、练习、反思、练习，最终达到自己想要的状态。

第十章 活出有边界感的人生有多精彩

在写这本书之前，许多学员通过学习我的"为家庭立界限"系列课程，重建了夫妻关系、亲子关系、母女关系等，我也收到了不少学员的后续反馈，经当事人同意，我在这里精选了一些学员的案例跟大家分享。

小岩：把孩子的选择权交还给他

各位读者，当你读完这本书的时候，我相信你已经开启了通往健康界限和自由的大门，这本书就是那把钥匙。我原本觉得我的生活没有什么大问题，可有了孩子后，一切变得不一样了。

当我的生活一地鸡毛时，我遇见了吉祥老师，上帝真的是在关了一扇门时，总会为你打开一扇窗。

当时我和老大（男孩）的关系已降到冰点，他出生时我没有学习任何科学的育儿方法，老大基本是由老人带大的，他会用"一哭二闹三打滚"来引起大人关注。我没有办法马上解决他给我带来的烦恼和焦躁，我会非常愤怒地制止他，推他、打他，对他的身体带来伤害，我甚至无法爱他。我不明白为什么命运对我如此不公。每每我跟丈夫沟通老人带孩子有问题时，他就会说我做得不对，丈夫的态度让我更委屈。慢慢地，心里的愤恨一触即发，怨老人、怨孩子、怨丈夫，各种吵架，不但没有解决任何问题，大家反而都认为我不会控制脾气。

学完界限课后，我才明白我完全没有任何界限，这件事情明明我有直接的责任，我却将所有责任推给了别人。我的丈夫对我的态度是我允许的，因为他那么做无须承担任何实质性的后果。我不接受孩子的情绪，那明明是他这个独立的个体所拥有的，就因为我是他妈妈，我越界了，对他加以严厉的管控。整个家庭关系如一团乱麻，每个人都活得不自由。系统地学习吉祥老师的"自我认知共进营"后，我才恍然大悟，知道问题出在哪里，才明白我为什么对孩子的行为和情绪有如此大的反应，以及怎样用科学专业的方法来育儿和改变自己。

在我一开始学习"为家庭立界限"课程的时候，我抱着有病乱投医的心态，并不清楚学习的效果会如何。因为在此之前我已经看过好多书、听过好多课，鸡汤是"喝"了一些，道理也懂了一些，但一到实操，比如接触老大时，我就会崩溃，怒不可遏。

举个例子，老大吃菜是个大问题，维生素缺失易导致口腔溃疡，我威逼他，"如果你不吃完，今天不准去游乐场玩"；我利诱他，"如果你吃完,我奖励你一个棒棒糖"。我们之间的拉锯战每天都在上演,这条育儿之路我走得很辛苦。

上完课后,我庆幸自己坚持学习了下来,没有放弃。特别是在老师的实操课中,老师把活生生的案例带到课堂,让我们身临其境练习,我感受到了前所未有的自由和畅快。老师用她专业的知识,通过清晰的底层逻辑让我明白了,孩子吃菜这件事情我该如何处理。现在,吃饭的时间成为我们家庭生活美好时光的一部分,一家人终于可以开开心心地一起享用美食了!

我们都听过,有一种冷叫妈妈觉得你冷。我想说我就是那个妈妈,我经常会强迫孩子按照我的期待做事情,因为这样能缓解我的担忧和焦虑。比如北方冬天的天气经常在零摄氏度以下,孩子不想穿厚鞋子,原因是穿厚鞋子他没办法痛快地玩耍,如果是以往,我会要求孩子必须穿厚鞋子。但是上完老师的界限课之后,我当时立刻想到了课堂上老师的教导,不要越界。孩子不穿厚鞋子的自然后果,就是他有可能会被冻到,之后他就会愿意穿。我管教的目的,不是等着他出丑、受罪,让他知道我说的有多正确,而是因为爱他,明白并且懂得他跟我意见会不一样,我提出我的建议,选择权要交还给他,并和他一起面对他犯错误后的结果,真正做到尊重他独一无二的个性和想法。

我相信陪伴每个孩子成长的路上最重要的人是父母,我们在这条路上跌跌撞撞,就像孩子刚开始学走路那样,虽然会有跌倒,但只有跌倒才会让我们尝到奔跑时的喜悦,无论什么时候开始学习做智慧的父母都不晚，重要的是选对专业的老师，方向不对，所有的努力都白费。感恩遇见了吉祥老师，让我在短时间内进入正确的跑道，我想这就是专业的魅力吧！

Jade：我其实并不知道我没有界限

在上课之前，我一直认为我是个有界限的人，因为我一直在外企工作，不像国企员工那样不分你我、以公司为家，我的人际关系一直很简单，我对自己也比较满意。出于对这个课程标题的好奇，我还是报了名，看看讲什么内容，毕竟在国内这个主题的课程确实不多。开课之前，老师让我们每个学员介绍自己，并给自己的界限意识评估了分数。我为我自己打了9分，又马上觉得9分还不能完全表达我优秀的界限感，我又改成了9.5分，并且还放了一个挤眼睛的小表情，表示对自己有界限感的扬扬得意和小小的幽默。

开课以后，老师的课程语言和形式非常新颖，最精彩的是内容，完全是新的知识，新的逻辑思维，和我以前所认为的很不同，相当颠覆我以往的认知。我才知道，我原来是个界限感比较差的人。当课程进行到第二节的时候，我返回去，把我的评估分数老老实实修改为2分，然后，认认真真听课，好好学习。

我原来以为我知道界限，学习以后，我才知道我其实并不知道我没有界限。界限课程，非常适合我这个生长在那个有太多责任感、背负重担又很讲人情味的年代的"60后",我们这代人一般不会考虑个人得失,首先考虑的是集体利益与别人的感受,而容易忽略甚至压抑自己的感受。中国又是一个讲人情世故的国家,有太多像我这样分不清楚界限的人,任何问题都习惯用感情遮掩和替代。这种现象不仅在家庭中常出现,在职场当中也是屡见不鲜,常把自己弄得很难受也不知道怎样解决,这是困扰我甚至我们这代人的普遍问题。

特别值得一提的是,吉祥老师的课程深入浅出,把深奥的心理学概念融入日常生活场景中。同时老师用我们生活当中的实例做分析,让理论与方法落地,再进入学员心里变成可以理解和内化的东西,以后可以随时取用。

老师在每节课后都安排了作业,包括理论部分和实操部分,理论是对当天课程的概念的归纳总结,实操完全就是带着学员把学到的理论运用在生活场景中,老师还亲自为每位学员批改作业,亲自点评。这样就不仅仅是听理论,而且是理论与实际生活的结合。我喜欢做老师布置的作业,也喜欢看同班同学的作业。借助这些实际的例子,我又加深了对这些理论概念的理解和运用。同时,我也怕这些作业,因为很烧脑,真的需要好好思考才能做出来。每当做完作业、得到老师好评的时候,我感觉非常有成就感。

虽然我现在仍然不能说学习得很好,但是我开始有了界限的意识,还需要在日常生活与家庭、工作中经常实践。我意识到,只有建立正确又健康的界限,我才会有健康的人际关系,才能更多享受生活的美好。在学习的这一年当中,我也经历着建立正确界限后带来的益处：愉悦而放松的心情，健康人际关系带来的互相滋养、彼此欣赏，这对个人的成长无疑大有裨益。

莲：我爱别人到什么程度，应该由我来决定

我是在 2021 年下半年上的吉祥老师的界限课。因为之前通过一些书籍接触过界限，在婆媳关系和亲子关系中有些实践，所以处在自我感觉良好中。当时还有些犹豫要不要报，但是我觉得界限确实重要，所以最终决定上这个课。上完课之后我才发现，这个课帮我打开了全新的世界。

我记得大学的时候有个室友，在没跟我说的情况下，把我新买的一个发夹给戴了出去，回来就简单说了一句她用了一下。当时我心里很不舒服，这人怎么可以随便用别人的东西。但是转念一想，我要爱人如己啊，一个发夹而已，没必要这么斤斤计较。虽然这个事情过去很久了，但是一直留在我的脑海里。因为它很具代表性，代表一个困扰我很多年的问题，就是当我要爱别人的时候，我要爱到什么程度。

比如我看到一个特别困难需要帮助的人，我要不要帮？爱人如己是不是意味着我要尽我最大的努力帮助他？那我的需求怎么办？我要怎么平衡我的需求和别人的需求？平衡标准是什么？难道我要把我的钱都分给穷人吗？当然不是，但是我又不明白这背后的理论根据是

什么。我爱别人，要爱到什么程度才算够？这个问题一直困扰我，我始终没找到一个满意的答案。所以很多时候当别人向我寻求帮助时，我掌握不了度，没有参考标准。后来我听了界限课，找到了答案。

我爱别人到什么程度，应该由我来决定，我就是那个标准。当我可以不求回报，心甘情愿去做的时候，我可以做。但是当我心里不舒服、不情愿时，我可以非常坦荡地拒绝别人。我要先爱自己，照顾自己的感受和需求，然后再去照顾别人。我只有能很好地爱自己的时候，才能更好地爱别人。

当我认识到这一点的时候，我的确获得了极大的自由和释放。我再也不用勉强自己过分地付出，这不仅对对方无益，对自己也是一种伤害。

在学习界限课之前，我认为我跟丈夫是一体的，不用分你我。我会尽我的全力去爱他。但是当我过分付出却得不到回报时，我对他的爱就减少了，更多的是埋怨，甚至是恨。学了界限课之后，我找到了我与丈夫之间关系的问题所在，解决之道是先爱自己、再去爱对方。我也尊重他是这个家的丈夫和父亲，会理直气壮地要求他承担他需要承担的责任，如果他逃避，就要承担相应的后果。课程里老师详细地指导我们如何在生活中立界限，包括怎样设立后果，什么是正确的后果。通过跟丈夫立界限，我们之间不必要的冲突减少了很多，我也少了很多没必要的唠叨和忍耐甚至抱怨，这很大地改善了我跟丈夫之间的关系。更重要的是，他在婚姻中也有了成长。

我们夫妻都是有职业的，我们根据彼此的时间进行了家务的分工。但问题是我丈夫总是不能按时完成他该做的事情，总是拖延。看不惯的我，最后还是会把他该做的变成我的工作。刚开始是提醒，后来是唠叨，再后来是埋怨，慢慢地，我也会心存愤怒。

学了界限课之后，我会告诉他我的界限和后果。如果他还是像之前一样不做自己的分内事，我就很自然地让他承担后果。我不再唠叨和埋怨，他承担了后果之后慢慢地就会按时做家务了，我们家的氛围也好了很多。

不只是在家务上，在育儿和其他方面，我都通过立界限改善了我与丈夫的关系。可以说，学习界限课成了我婚姻的一个分水岭。不仅如此，它还帮我理清了我与所有的人际关系，最重要的是理清了我与自己的关系。

界限为给我开启了一扇自由的大门。很感恩遇见吉祥老师。

Grace：人际关系更有"分寸"带来的好处

2022 年我在直播间遇到吉祥老师，被她又飒又爽的自由状态深深吸引，就报名了界限课。上完课之后，我的很多认知完全被颠覆。我之前完全没有界限这个概念，这个课程对我影响很大，从婚姻到育儿，从与朋友的关系到与同事及老板的关系，都得到了极大的改变。

其中有两件事情必须提一下。

一件事是 2021 年我换了新工作不久，我的老板跟我说工作的时候不太尊重我，总是带着责备的语气，我理直气壮地跟他说了两次以后，他对我的态度明显不一样了。有问题说问题，有事说事。如果是我的责任，我也能坦然承认。

另外一件事是，孩子的一个课外辅导班不能履行事先承诺，我要退款。当时对方确实有提前跟我说过不能退（后来了解到其规定是不合法的），要转课也是各种为难。各种沟通失败后我毅然提起诉讼。机构后来主动给我退款，但是要我承诺不再就这一问题发声，我坚决阐明自己的立场并拒绝了这一要求，后来该机构就无条件给我退款了。我不得不说这主要归功于界限课给我带来的力量和支持，谢谢老师。我把要回来的钱全买了老师的课，我希望继续成长，成为那个发光的人。

总之，上完课之后，我在人际关系上更有"分寸"了，从而更有安全感和自由了，明白了界限是我自己的事情，从被动去做变成了主动选择。

米粒饭团：生活竟然可以如此自由

吉祥老师说过："没有界限的生活就像一个没有装门的房子，别人随时都能闯入。"

在过往没有界限的生活中，我经历了极度混乱、痛苦与恐惧，我深深体会到老师这句话的深刻含义！

感恩的是,吉祥老师的"界限"课改变了我,我为自己的生活亲手安装上门,并且学会如何正确地使用这扇门,从此,我的生活走向愉悦和自由。

有一个人,同时具备以下标签:社交恐惧、完美主义、讨好型人格、不会拒绝、容易自责、优柔寡断、无意识越界别人。我就是这样一个人!

以上各种标签相互裹挟交织,同时贴在一个人的身上,她的生活怎么可能不紧绷、不焦虑、不疲惫?

当我装上"界限"这扇门后,当这些标签想介入我的生活时,我学会亲自关门并对它们说"No"!

当社交恐惧来敲门:

不知从何时起,我发现自己有挺严重的社交恐惧,我感觉和人建立关系是一件危险、紧张的事情。在关系中,我很努力,也很友善,但我却非常紧张,并不享受。

直到学习界限课后,我才找到根本的原因,是因为我缺乏界限。我是一个敞开门的房子,别人随时可以闯入,我却不知道说"不"。这肯定让我感到焦虑和紧张!所以,我认为最安全的办法就是远离人群,躲在一个舒适安全的角落,享受简单安静的生活。但这样的生活方式也让我错过很多关系中的美好。

建立了界限之后,我有了更多安全感,可以选择同频喜爱的关系，拒绝不健康的关系。这在很大程度上帮助我克服了社交恐惧。

当完美主义来敲门：

完美主义简直是消耗我心力的头号杀手。它让我永远不满意，哪怕得了 99 分，我不会因 99 分而满足，而会为失去的 1 分耿耿于怀。"好一点，再好一点"，一个永远达不到的目标或期待总不停地追赶着我。

学了界限课后才明白，我已经对自己越界！从此，我会给自己定合理的目标，当达到目标时，就为自己庆祝，欣赏和赞美自己。这让我常常看到自己的成就和进步，我对自己也越来越认可和有信心了。

当讨好型人格来敲门：

从小被教育要友善、要热情、要礼貌，这为我披上了一个"老好人"的人设。即使自己很难受、不舒服，也要表现出很友善的样子，很难说"不"，同时，也很难接受别人对我说"不"。

学习界限课以后，我决定撕下"老好人"的人设，让自己做回真实的自己，尊重自己真实的想法，不再被"老好人"的人设捆绑。神奇的是，当我允许自己去表达自己真实的感受和想法时，更多发自内心的爱自然流淌了出来。在发自内心的好行为出来之前，要给足自己"说不"的自由和力量，不然好行为的背后会积攒压抑与痛苦，而不是自由和甘甜。

当我担心因为我立界限而失去一段关系的时候,我内心更坚定的声音告诉我,如果我用正确的方式立了正确的界限,对方还是选择离开我,这段关系就不是我想要的健康关系,即使失去也不需要害怕。

同时我也学会尊重别人的拒绝和界限,因为懂得了界限的本质不是伤害,而是保护,因为我们更明白彼此真实的需要。

当自责的声音来敲门:

从小我都是一个很乖很努力的孩子,父母对我的投入很多,对我的期望也很高。

小时候,妈妈常常给我讲的一句话是:"你看妈妈为你付出那么多,不像其他妈妈都出去玩。妈妈天天陪着你,你一定要好好学习,不然怎么对得起我?"

爸爸则是逢人便夸我优秀,爸爸妈妈的朋友见了我都是各种夸赞,夸得我都觉得那个人已经不是我了。

妈妈的叮嘱让我感到压力很大,好像她的所有希望所有幸福都掌握在我手中。

爸爸在别人面前对我的欣赏和赞美,让我感到的并不是鼓励和赋能,而是如果我不像他希望的那个幻影那样优秀,我就是不合格的。而我永远也不能成为那个幻影。这让我对自己很不满意,也很想逃离所有的亲戚和父母的朋友。

父母从小很爱我,把我养在蜜罐里,所以我并没意识到父母带来的伤害。直到学习了界限课程后,我才明白父母其实已经严重越界了。

当我达不到父母对我的期许而感到自责时,我会对自己大声说:我的人生我做主,满足别人的幸福和期望不是我的责任!

当否定的声音来敲门:

还记得我在准备婚礼购买婚礼礼服时,我看中了一件我很喜欢并且很适合我的礼服。可是一旁的妈妈就一直说不好看,不适合我,百般阻挠我买那件礼服。我最终只好放弃。独自走在路上的时候,我忍不住崩溃大哭。不是因为这件事本身而崩溃,而是它勾起我的许多回忆:一直以来,妈妈总会干涉我的事情,从小带我去买衣服,如果那件衣服是我喜欢但她不喜欢的,她就各种吐槽,吐槽到我觉得买下那件衣服就是一个错误的选择。然而,快要结婚的我已经独立,妈妈还在这样干涉我,我内心却没有力量说"不",这让我感到很挫败。

界限课让我明白,这是妈妈越界的行为。

现在当妈妈不请自来,滔滔不绝地给我反对建议的时候,我会礼貌地对她说:"妈妈,我已经有自己的决定了!"

学习界限不是让我们一意孤行,不听取别人的意见,而是当我们不需要别人给意见时,我们有自由过滤和谢绝别人的意见,从而避免精神内耗,实现独立自主。

当我自己越界别人的门：

以前和妈妈相处时，我觉得和妈妈的关系是混杂的，我想她按照我希望的方式去说话、去思考、去做决定，妈妈感受到的是被否定和指责，所以她完全处于抵抗的状态，让我一度觉得和妈妈无法交流，关系充满危机。

学习界限课后，才意识到自己越界了。我已经闯到妈妈没有门的房子里，我得退出来。于是我向妈妈道歉，并且去接纳她本身的样子。当妈妈感到被理解、被接纳，她的心变得更柔软，我们之间的沟通也变得更顺畅。

界限课帮助我和妈妈重新建立了舒服亲密的关系！

我原来的生活像八宝粥一样，在时间文火的慢炖下越熬越黏糊，而界限课帮助我理清我拥有的食材，我可以用新的烹饪方法，为自己烹饪一道符合自己口味的健康美食。

很感恩有这次学习机会，让我静下来进行认真梳理。我欣喜地发现，借助吉祥老师界限课的学习和不断练习，我受益良多，原本混乱拉扯内耗的生活变得如此自由和舒心！

也许我以前经历的生活也有你生活的影子，希望你也能像我一样，学习和练习如何用正确的方式立界限，收获真正亲密享受的关系，同时你也会更自由有力量。

后　记

写完这本书，我感到既轻松又沉重。轻松的是，在改了N次后终于定稿了，这本书即将和大家见面了。沉重的是，我知道这本书只是一个开始，了解界限，知道自己需要界限，只是迈出了立界限的第一步，真正艰难的是后面的行动。我常常在想，有时候是不是保持无知比不停进步更能让一个人快乐。很多上过我界限课的学员，在过后一段时间中都经历了痛苦，不是因为无知，恰恰是因为他们比以前更加清醒，更清楚自己人生中各种关系的痛苦是从何而来，因此决定行动起来，在生活的方方面面开始设立界限。

当他们刚开始立界限时，对方会因为多年来习惯了没有界限的关系但突然被要求遵守界限而要么勃然大怒，要么冷嘲热讽，要么道德绑架。这时候，主动立界限的一方会经历自我怀疑、孤单，害怕失去这段关系，并且想要妥协，回到过去的旧模式中。他们不被理解，常被人说成太"作"，没有立刻感觉到立界限带来的益处。

每次看到他们的挣扎，我都难过、担忧而又兴奋。难过的是他们要面对极大的挑战，担忧的是怕他们撑不过这样的艰难，兴奋的是我期待看到他们学会立界限后可以享受自由。欣慰的是，绝大部分学员都坚持下来了。他们一遍又一遍地听课，密密麻麻地记下每一个要点，然后温柔而坚定地实践出来。

他们当中有长期被配偶PUA的全职主妇，有不自觉讨好下属的公司高管，有5年不想回家的大学生，有被婆媳关系搅得快要离婚的新婚夫妻，有总是被同事甩锅的老好人，有被妈妈情绪勒索的儿子，也有为了孩子牺牲一切却被孩子讨厌的妈妈。这些勇敢的人，为了走出关系的困境，努力改变，变得越来越有力量，越来越会为自己发声，也越来越能够保护自己。他们不再轻易被冒犯，不再被同事占便宜，不再讨好那些不值得的人，不再害怕提要求，不再无法拒绝别人的要求……

他们的生命因为自己的努力而更新改变。因为界限，他们终于享受到了久违的自由，这样的自由是安全的、自信的、被保护的、不被随意攻击的。

我很喜欢一句话：你生活的样子，都在你的努力中。

我盼望这本书，不仅能为你的生活立界限，而且能为你的人生赋能，最终使你的每一段关系都健康而甜蜜。

致 谢

感谢我的先生杰哥。多少个夜晚，我在楼下书房写稿，他就坐在旁边沙发上做自己的事情，我一抬头就能看到他。他上了一天的班，又照顾孩子睡觉，其实已经很累了，完全可以上楼在床上舒舒服服地躺着看看书或拼拼乐高，但他选择和我待在一个空间里，在我快喝完杯中的水时给我添水，时不时瞅我两眼，看看我有什么需要……安静的夜里，有他的陪伴，即便我们什么话都不说，我也觉得很幸福、很温暖。

感谢我的妈妈，愿意接受和尊重我的界限。谢谢她愿意挑战自己，走出舒适区，接受健康的新理念并积极做出改变。这对一个年过六旬的女性而言很不容易，特别是几十年的传统认知被她一手带大的女儿所挑战，但我的妈妈愿意保持开放，一生都不停止让自己变得更好。她让我想到杨紫琼在奥斯卡颁奖典礼上说的那句话：女士们，不要让任何人告诉你，你已过了人生巅峰，永远不要放弃。我妈妈是这句话的真实写照。

还有我的爸爸，这个总是无条件相信我的男人。有一次我发现自己穿的裤子一边长一边短，所以我的第一反应是，我有长短腿。当我无意中告诉爸爸时，他顿时大笑起来，并且斩钉截铁地说，绝不可能，我的女儿怎么可能长短腿，一定是裤腿长短不一。我当时就想，好好的裤子怎么可能会做成长短不一。到了晚上，爸爸仍不放心，连着打了5个电话催促我量一下裤腿，以证明他说的是对的（其实是他心里有点着急）。我一边想，这可真是越界了，一边顺手拿起裤子的两个裤腿一量，竟然还真是裤腿长短不一。那时我才意识到，生命中被爱你的人偶尔越界，可能也是另一种幸福。

还要感谢我的人生教练佩蓉姐和为千哥。他们亦师亦友，总是陪伴在我的身边，因为他们真正地了解我，这在生命中是极大的祝福。任何时候，只要我需要他们，他们就会用真理来鼓励我，有人误会我时，他们也会毫不犹豫地站出来替我澄清。他们会在我走偏的时候用爱心提醒我，也会在我成功时为我欢呼。当我邀请佩蓉姐再次为这本书写序时，我话还没说完，她就答应了。这样的友谊，让我感到无比心安。

也要感谢中信出版社愿意出版我的这本书。中信出版社的编辑团队干练专业，细致认真修改书稿，力求为读者呈现出最优质的内容。

感谢我的策划团队：雪菲、杨硕和王雪，三个姑娘组成的铁人团队。在我度假时，雪菲会提醒我记得带上笔记本电脑可以继续写书。当我生病时，她总会假惺惺地送来问候，然后告诉我其实她真正想说的是我在生病休息时正好可以专心写稿。嗯，我非常喜欢这个心狠手辣的女人。

杨硕会在凌晨4点，也就是美国时间下午4点，告诉我她这么早起来是因为在等我改好稿子交给她，并安慰我千万不要有压力。这个绵里藏针的姐姐忘了，我是心理专家，不会那么容易被她情绪勒索，虽然10分钟后我就赶紧把改了7次的稿子交给了她。

王雪姑娘人狠话不多，默不作声地为我联系到中信出版社，并把一切细节谈妥。其中的过程和困难她只字不提，用满意的结果说话，是她一贯的作风。我喜欢这样专业而傲娇的女人。

她们的专业让同为女性的我感到既骄傲又感动，和一群专业而高素质的伙伴一起出这本关于界限的书，是我人生中的精彩，也是我的荣幸。我期待和她们一起出版我的第三本、第四本、第五本、第六本书……第N本书。

最后，要感谢参加我界限课的学员们，他们总是不遗余力地主动为我宣传，在我的直播间里，在他们的朋友圈里，搞得他们每个人都像是我花钱请来的"托儿"。我真的很感动，他们完全可以自己经历改变就好，但他们总是那样热忱，巴不得把自己获得的好东西分享给别人，让更多的人一起经历这样的改变和祝福。他们是光，总在照亮身边所有的人。

我爱你们。

吉祥